未来军事能源
军用电能源技术总论

向 勇　张晓琨　潘怡兰　著

国防工业出版社
·北京·

内 容 简 介

电能源是支撑未来军事智能化发展的重要能量来源，武器装备的算力、动力和打击力，在很大程度上取决于电能源技术水平。本书面向国防科技管理人员及电能源技术应用平台技术专家，普及军用电能源技术知识，系统性分析军用电能源技术的应用及研究现状，并瞄准军事智能化的未来发展对军用电能源的新原理、新机制和新形态进行了展望，大胆畅想了未来军事应用中的颠覆性电能源技术及相关军事装备，以期为不同读者群在军用电能源发展规划布局、技术选型等方面提供参考。

图书在版编目（CIP）数据

未来军事能源：军用电能源技术总论／向勇，张晓琨，潘怡兰著. -- 北京：国防工业出版社，2025.3.
ISBN 978-7-118-13540-4

Ⅰ．E919

中国国家版本馆 CIP 数据核字第 2025SC1452 号

※

国防工业出版社出版发行
（北京市海淀区紫竹院南路23号 邮政编码100048）
北京凌奇印刷有限责任公司印刷
新华书店经销

*

开本 710×1000 1/16 印张 11½ 字数 143 千字
2025年3月第1版第1次印刷 印数 1—1500 册 定价 88.00 元

（本书如有印装错误，我社负责调换）

国防书店：（010）88540777　　书店传真：（010）88540776
发行业务：（010）88540717　　发行传真：（010）88540762

前言

自古以来，战争打的就是能量和信息。不管是冷兵器时代还是热兵器时代，不管是机械化战争还是信息化战争，决定胜败的关键，就是作战双方能否通过信息手段形成能量聚集优势，率先给予对方毁灭性的打击和破坏。

在古代，信息传递主要依靠语言、文字、图形等载体，而能量聚集主要依赖人力、畜力、机械力、火炸药等手段。随着电子信息技术的诞生，电成为了信息传递的新载体，并且更加高效和高速。同时，电能源也成为了能量聚集的新手段，并且是更加高能和高毁伤性的手段。

随着现代战争从机械化战争向信息化战争进而向智能化战争发展，电能源系统在军用装备体系中的地位越来越高，作用越来越大。一方面是现代信息系统的运行主要依赖电能源，另一方面武器装备的动力系统甚至打击系统也开始越来越多地依靠电能源。

现代武器系统的侦察、探测、干扰、通信等，主要依靠电磁波技术，需要长期可靠工作的电能保障。一旦电能源系统失效或电力耗尽，武器系统就可能彻底"失聪失明"。

无人机、机器狗、无人潜航器等越来越多的现代武器装备采用电动力，提供更加灵活的操控性和更加敏捷的机动性，其续航能力和机动能力往往取决于电能源系统的能量密度和功率密度。一旦电能源系统失效或电力耗尽，它们可能面临瘫痪。

此外，电磁炮、微波武器和激光武器等高能武器，更是依赖电能源实现打击手段，其毁伤能力直接由电能源系统的技术指标水平决定。依赖大功率电能源系统的舰载电磁弹射装置也是舰载机作战效能的重要影响因素。

信息化战争和智能化战争对武器装备的信息感知、计算、传输提出了更高的要求，而电能源则是信息化和智能化武器装备作战能力的基本保障。因此，可以说电能源已成为现代和未来武器装备的粮食和血液，是制胜的关键。

正因为电能源技术的重要性，在新一代武器系统规划、研制和应用过程中，掌握电能源技术发展前沿和产品特点，对于规划和选择适合的电能源技术和产品非常重要，对于用好电能源技术和产品也非常重要。

遗憾的是，目前大部分电能源技术相关的书籍主要还是面向电能源技术相关专业的读者群体，要不就是覆盖了较为完整的某一类电能源基础知识的专业类教科书，要不就是在特定电能源技术方向深度聚焦的研究类专著。这些书籍对于非电能源技术专业方向的读者群体，可读性和针对性不强。特别是在军用电能源技术领域，目前还缺乏专业性和针对性较强，并且覆盖技术较为全面的、包含技术最新进展的军用电能源科普类图书，为相关非电能源专业类读者群体提供较为全面和基础的技术介绍。

本书针对"决策类""研制类""用户类"等三类非电能源专业的代表性读者群体，系统性地介绍军用电能源技术的场景需求、技术体系、重点方向、发展趋势和前沿进展等内容，为有关领导和专家提供高价值的知识支撑性概述，并为后续军用电能源技术科普丛书的编制提供指引。

1. "决策类"读者群体

"决策类"主要是指从事国防科技管理工作的机关领导和参谋人员。该读者群体的知识结构偏向战略战术、武器装备、管理规划等方面。他们的阅读目的可总结为掌握现状、展望未来、科技规划，即全面掌握国内外军用电能源技术研究与应用的最新进展和未来发展趋势，结合我国军队战斗力和武器装备的发展需求，科学研判军用电能源技术的未来目标、发展主线和重点方向，从而在制定我国军用电能源技术发展规划、研究计划以及管理科研项目等工作过程中科学决策。

2. "研制类"读者群体

"研制类"主要是指从事各类军用平台系统研制的非电能源领域专家学者和科研工作者。该读者群体的知识结构具有专业性强、差异化大的特点。他们的阅读目的可总结为要什么、有什么、怎么用，即了解不同军事应用场景下装备战技指标与电能源技术指标间的关联性，掌握可选用的军用电能源技术的优缺点和技术水平，从而支撑通过科学的技术选型，形成各类武器装备的军用电能源系统技术解决方案。

3. "用户类"读者群体

"用户类"主要是指武器装备的使用者，需要在具体工作中操作全电化、信息化或智能化武器系统，电能源子系统的高效、安全、可靠运行对他们至关重要。通过阅读本书，此类读者能够对各类电能源系统技术特点和安全操作规范有一个较为基础和全面的了解。比如，氢气易燃易爆易扩散，泄漏后与空气混合，遇到明火、静电容易发生燃烧甚至爆炸等安全事故。那么氢能的使用是否安全呢？对此，本书针对氢能的安全性进行了深入浅出的阐述，让用户类读者可以了解到虽然氢气的物理化学性质决定了其危化品属性，但是通过技术创新、行业标准和操作规范等方面共同努力，完全可以保障氢能使用的安全性。类似的科普宣传，可以让用户类读者在接触电能源新技术的过程中，能够正确对待，既要排除心理障碍，也要防止新技术导入过程中出现不当操作。

本书紧扣上述三类读者的需求，按照军用电能源技术发展背景、军用电能源技术发展体系、军用电能源技术应用案例和军用电能源技术未来趋势等4个部分组织内容，形成了军用电能源技术总论。通过系统性的电能源知识体系介绍，结合趣味性和针对性较强的电能源技术案例，以及国内外最新的电能源技术相关事件报道，为上述三类读者群体勾画出军用电能源技术的宏观整体场景和画面，并对电能源具体技术和产品形成较为本质的感性认识，从而建立起军用电能源技术和产品的方向感和导航图。

第一部分是军用电能源技术发展现状与趋势，重点围绕军事应用需求、技术现状和未来趋势等方面，帮助读者形成有关军用电能源技术较为全面的基本认识。

第二部分是军用电能源技术学科体系与产品概览，通过全面、系统地介绍军用电能源技术的学科体系和产品概览，帮助读者建立有关军用电能源技术的全景图像。

第三部分是军用电能源技术应用典型案例，通过覆盖场景较为全面的典型应用案例分析，重点帮助应用专家类读者建立军用电能源技术指标与装备战技指标的关联关系，了解可供选用的成熟、在研和未来电能源技术的应用潜力，启发应用创新思路。

第四部分是军用电能源技术发展战略建议，通过介绍全球主要国家和地区的电能源技术发展规划，以及从本书作者视角展望未来军用电能源技术的发展方向和预期成效，重点为管理专家类读者制定瞄准未来的我国军用电能源技术发展战略提供参考。

最后，本书还以简短的篇幅，简要介绍了电能源技术相关的一些基本科学概念、定律，以及在电能源技术研究过程中科研人员所关注的基础科学问题，旨在提醒我们的电能源技术研究与应用专家们，万变不离其宗，在技术发展与推广应用的过程，始终要绷紧"科学""求真"的弦。

本书的撰写得到了电子科技大学、清华大学、北京航空航天大学、成都理工大学等高校从事电能源技术研究与教学工作的多位老师的大力支持与帮助。其中，本书第 1 章部分内容由北京航空航天大学官勇吉教授和清华大学刘凯副教授等参与编写；第 2 章部分内容由北京航空航天大学官勇吉教授，电子科技大学王辛瑜博士、冯雪松博士等参与编写；第 3 章部分内容由北京航空航天大学官勇吉教授，清华大学刘凯副教授，电子科技大学胡潇然副研究员、伍芳副研究员、彭晓丽副研究员、冯雪松博士、陈颉颃博士，成都理工大学贾若男研究员等参与编写；第4章部分内容由电子科技大学胡潇然副研究员、伍芳副研究员、薛志宇博士、冯雪松博士等参与编写；第6章部分内容由北京航空航天大学官勇吉教授参与编写。在此，笔者向上述各位，以及参与本书统稿、校对等工作的电子科技大学其他老师和同学致以诚挚谢意，感谢大家为本书顺利出版所付出的心血。

向勇

2023年7月于成都

目 录

第 1 章　战争与电能源 ······ 001

1.1　军用电能源的发展特点 ······ 001
1.2　机械化、信息化、智能化战争中的电能源 ······ 010
1.3　全电化、无人化、智能化武器装备的电能源需求与现状 ······ 015
1.3.1　全电化武器装备及电能源需求 ······ 015
1.3.2　无人化武器装备及电能源需求 ······ 017
1.3.3　智能化武器装备及电能源需求 ······ 017
1.4　面向未来战争的军用电能源 ······ 019
1.4.1　传统的军用电能源技术体系 ······ 019
1.4.2　面向未来作战的军用电能源新机制、新形态和新来源 ······ 020
参考文献 ······ 022

第 2 章　军用电能源实用知识概览 ······ 024

2.1　太阳能电池技术原理和发展现状 ······ 024
2.1.1　太阳能电池的应用场景 ······ 024
2.1.2　太阳能电池原理 ······ 025
2.1.3　太阳能电池的性能由什么决定？ ······ 027

  2.1.4　太阳能电池的研究进展 ………………………………… 031
 2.2　氢能是否安全? ……………………………………………………… 040
  2.2.1　氢能概述 …………………………………………………… 040
  2.2.2　氢能的安全隐患 …………………………………………… 042
  2.2.3　氢能的应用 ………………………………………………… 043
 2.3　储能电池的能量密度极限 …………………………………………… 045
 2.4　核能与电能源 ………………………………………………………… 049
  2.4.1　核能的优势 ………………………………………………… 049
  2.4.2　核裂变与核聚变 …………………………………………… 050
  2.4.3　核能-电能应用 …………………………………………… 052
  2.4.4　总结与展望 ………………………………………………… 053
 2.5　人工智能与电能源 …………………………………………………… 054
  2.5.1　什么是人工智能 …………………………………………… 054
  2.5.2　人工智能在电能源领域的应用 …………………………… 055
 参考文献 ……………………………………………………………………… 057

第3章　世界军事装备中的先进电能源案例 ……………………… 061

 3.1　水下隐身突防的静默能源 …………………………………………… 061
 3.2　活在深海的能源系统 ………………………………………………… 066
  3.2.1　水下电能源 ………………………………………………… 066
  3.2.2　水下传感器 ………………………………………………… 070
  3.2.3　水下传感器网络 …………………………………………… 072
 3.3　深海杀手锏 …………………………………………………………… 076
  3.3.1　热电池 ……………………………………………………… 077
  3.3.2　银锌电池 …………………………………………………… 078
  3.3.3　锂-亚硫酰氯电池 ………………………………………… 079
  3.3.4　锂电池 ……………………………………………………… 079
 3.4　"剪断"自主作战机器的脐带 ……………………………………… 080
 3.5　未来班组:从与子同袍到与子同电 ………………………………… 084

3.6 长时滞空的太阳鸟 ……………………………………………………… 090
3.7 无人机超声速洲际巡航 ………………………………………………… 095
 3.7.1 世界范围几款先进的超声速察打一体无人机 ……………… 096
 3.7.2 运用锂电供能的小型察打一体无人机 ……………………… 098
 3.7.3 无人机用电池的未来发展方向 ……………………………… 098
3.8 空天一体飞行器 ………………………………………………………… 101
3.9 星链电能源 ……………………………………………………………… 105
 3.9.1 什么是星链计划 ………………………………………………… 105
 3.9.2 星链计划的内容及技术特点 …………………………………… 105
 3.9.3 卫星电能源设想 ………………………………………………… 108
 3.9.4 应对措施 ………………………………………………………… 112
3.10 高能武器：从固定到机动 ……………………………………………… 113
 3.10.1 激光武器 ……………………………………………………… 114
 3.10.2 高功率微波武器 ……………………………………………… 115
 3.10.3 电磁枪炮 ……………………………………………………… 115
 3.10.4 高功率脉冲电源 ……………………………………………… 116

参考文献 ………………………………………………………………………… 118

第4章 瞄准未来战争的军用电能源畅想 …………………………………… 121

4.1 绝地武士（手持式激光武器） ………………………………………… 121
4.2 星球大战 ………………………………………………………………… 125
4.3 可以自愈修复的电能源 ………………………………………………… 128
4.4 纳米机器人 ……………………………………………………………… 134
 4.4.1 化学方法驱动的纳米机器人 …………………………………… 134
 4.4.2 电磁场或电磁驱动的纳米机器人 ……………………………… 135
 4.4.3 超声波驱动的纳米机器人 ……………………………………… 138
 4.4.4 光驱动的纳米机器人 …………………………………………… 139
 4.4.5 生物驱动的纳米机器人 ………………………………………… 140
4.5 跨域分布式电能源体系 ………………………………………………… 142

4.5.1　基本概念 …………………………………………………… 142
　　4.5.2　发展目标 …………………………………………………… 143
　　4.5.3　跨域分布式电能源体系的主要内容 ……………………… 144
参考文献 ……………………………………………………………… 147

第 5 章　未来发展战略 …………………………………………… 149

5.1　国内外军用电能源技术发展规划 …………………………… 149
　　5.1.1　美国 …………………………………………………… 149
　　5.1.2　欧洲 …………………………………………………… 153
　　5.1.3　日本 …………………………………………………… 156
　　5.1.4　中国 …………………………………………………… 157
5.2　高效智能分布式军用电能源发展设想 ……………………… 158
　　5.2.1　概念内涵 ……………………………………………… 158
　　5.2.2　形态特征 ……………………………………………… 159
　　5.2.3　技术体系 ……………………………………………… 160
　　5.2.4　发展规划 ……………………………………………… 160
参考文献 ……………………………………………………………… 162

第 6 章　选读扩展知识 ……………………………………………… 164

6.1　关于电能源的一些基本科学概念与定律 …………………… 164
6.2　电能源基础科学问题 ………………………………………… 167
参考文献 ……………………………………………………………… 170

第 1 章　战争与电能源

1.1　军用电能源的发展特点

能源是人类社会发展进步的物质基础，与信息、材料并称为当代社会的三大支柱。当前以煤、石油、天然气为代表的不可再生能源的消耗速度不断加快，迫使能源领域不断寻求新的变革。长期以来，世界各国为争夺和控制能源，不惜采取各种手段，以此爆发的能源争夺战也为人类战争史添上了浓重的一笔。

作为能源领域最关键、最前沿的一环，军事能源，关乎军队战斗力、关乎国防命脉、关乎国家安全大局。军事能源在能源技术革命中也扮演着"领头羊"的角色，只有尖端的、过硬的军事能源，才能供养尖端的、过硬的国防。当前，美国、欧盟、日本等各军事强国已经将军事能源技术视为新的产业革命、科技革命和军事革命的关键，并把发展新型能源技术作为未来几十年科技创新领域重要任务。习近平总书记审时度势、总揽全局，遵循人类发展的正确规律，强调"军事能源问题事关重大，要认真研究，确保军事能源保障的安全、高效和可持续"以及"加快构建现代军事能源体系"。我国在新时代的部署中，将"新能源"作为军民融合发展六大新兴重点领域之一。

随着新能源技术的不断发展和国家重大战略规划的部署，高效储能技术已经成为新能源领域的研究热点。储能是指通过介质或设备把能量存储起来而在需要的时候再释放的过程，是提高能源利用效率的重要手段，是实现新型可再生能源实际应用的重要环节。储能技术是目前智能电网的支撑技术，是先进电动装备发展的核心技术之一，同时也是将可再生能源接入能源网络的桥梁，在军民领域都有着广泛应用。通常而言，在自然界中先进的可再生能源包括太阳能、风能、潮汐能等。该类能源来源广泛，取之不尽，然而其通常具有显著的不可控性、不稳定性以及不连续性，导致存储困难。而先进储能技术则是解决这类可再生能源有效利用的关键技术，通常包括以下两个方面。

（1）物理储能：包括抽水储能、压缩空气储能、飞轮储能、超导磁储能等。在物理储能技术中储能媒介不发生化学变化，储能效率较低，通常对设备和场地要求较高，前期投资比较大。新型物理储能方式如飞轮储能、超导磁储能将电能以电磁能、动能等形式进行存储，具有充放电速度快、效率高的优点，但是制造成本较高，能量密度低。

（2）化学储能：是以电化学储能技术为主要手段的一种关键能源存储技术，主要包括锂离子电池、铅酸电池、钒电池、锂/钠硫电池、燃料电池、超级电容器等。化学储能在充放电过程中，伴随着储能介质的化学反应或者元素价态的变化，具有效率高、分布灵活、占地空间小、环境影响小等优点，但使用寿命有限。在民用领域，电化学储能技术是加强智能电网建设的重要一环，它能有效实现需求侧管理、消除昼夜峰谷差、平滑负荷，提高电力设备运行的效率、降低供电成本、促进可再生能源应用。此外，它还可以提高电网运行稳定性、调整频率和补偿负荷波动。电化学储能技术在国防军事领域应用广泛，它可用于战场电力系统调峰，并作为高能武器和投送装备的动力源。未来，化学储能技术甚至有可能取代燃油发电机成为战场上的主要电力供应系统，这将有效解决高原高寒地区装备动力不足的问题，并提高战略投送能力和效能。因此，电能存储和应用在未来国防中将扮演着举足轻重的角色。

自 1859 年铅酸蓄电池问世以来，100 多年的时间里，高容量、高功率、低污染、长寿命、高安全性始终是化学电池储能的发展方向。截至目前，以锂离子电池和铅酸电池为主的电化学储能器件的生产和加工，已经得到了稳步发展，在市场应用中也表现出令人瞩目的成就。随着科技的不断进步，一系列的新型电池，如全钒液流电池、锂硫电池、钠离子电池等也逐渐崭露头角，表现出强势的发展劲头。当前，铅酸电池、锂离子电池、钒液流电池和锂硫电池也成为军用、民用电源研究的热点。以此为突破点的电化学储能技术，在国防领域和民用领域都展现出不可或缺的角色作用，对未来作战与保障模式以及人类正常生活模式产生着不可磨灭的影响。

电化学能源在战场中的出现和应用，在战争的角度最早可追溯到第一次世界大战时期。在冷兵器时代，几乎没有电化学能源的出现，即便在第一次世界大战时期，也极少使用大功率的电子设备，当时唯一的一种电用设备便是粗犷的野战电话，该设备是战场上获取情报和实时消息的重要手段。然而，这种电话不需要单独供电，而是通过一根手柄连接到一个小型的磁感应发电机上，在手柄机械摇动时产生电量。直到20世纪30年代，欧洲发明了一款人力发电自行车，并配备在战场上，通过人力骑行发电，用于野战无线电台和野战有线电话网的供电。后来，世界各国逐渐意识到电能对战争的重要性，也开始逐渐发展军用电化学能源器件。众所周知，战场上的环境是动态的，随时可变的复杂环境，迫使单兵携带便携式的移动电源，而移动电源最稳妥的方式就是电池。随着电化学储能技术的发展，直径10cm、长20cm的巨型锌锰干电池问世，并在军队中逐渐使用开来，这是最早的军用电池状态。到目前为止，美军手中各类复杂的瞄准装置、夜视装置、电台、GPS设备都是通过电池来维持电力的。因此，电池是成为战场上不可替代的重要组成部分。

但是，随着战争的现代化进程和战争规模的不断升级，传统的电池无法满足长期消耗战的需求。比如，在1991年的海湾战争中，大获全胜的美军在战争结束后进行总结时，发现了战争中暴露的一些实质性的问题，这些问题也引起了各方的高度关注。其中，美军指出，最主要的一个问题，对当时来说也是最前沿的一个问题，就是电能的持续供应问题。在长期远程作战和消耗战的过程中，电源的供应决定着战争的效率。比如，101空降师所配备的AA碱性电池（5号）在战争中严重短缺的问题。要知道，上述电池是用于夜视镜、GPS、无线电和其他装备的必备电源来源，电池短缺则意味着设备无法运行，对战争造成消极影响。此外，有趣的是，美军某营在"帮助"友军修理悍马车时，居然开出了用500节电池取代劳务费的"战地友情价"。由此可见，当时战场上的电能短缺，已经到了极度匮乏的地步。经此一战，也就深刻地意味着，电池，这种新兴的电化学能源设备，已经逐渐走向了战场，成为不可或缺的重要物资之一。当然，海湾战争中美军对电池需求量如此之大，其重要原因还是因为上述电池不具备可持续性，毕竟第一款商用的可充电二次锂电池是于1991年才问世的。

时至今日，电池和电能装备已经在现代化武器中得到了广泛的应用，由此作为能源支撑的现代信息化武器装备已经成为今后军事发展的趋势，其形成的数字化武器装备也越来越多地在现代战争中起到了决定性作用。尤其在瞬息万变的战场环境中，迫切地需要高安全性、强可靠性、优异环境适应性和高比能的电源储能装备来维持大型武器装备的持续平稳运行。毕竟，现代化战争中的尖端设备在使用时对电能的需求也是不可估量的，如何维持尖端设备对电能的需求，是军用电源未来所面对的一个巨大问题。举例说明，我国的航空母舰辽宁舰在运行时的动力总功率可达到22万千瓦的级别，而22万千瓦的用电量，可以为一个20万人口的城市供电并提供冬季供暖。然而，这个水平的供电量却满足不了一艘核动力航母的用电量。以东风巡航导弹为例，该武器不仅专门配备了专用的电网供电，还需要配备容量极大的超导电池进行电能输出。导弹在运行时的峰值功率更是令人瞠目结舌，最大可以达到1000万亿瓦激光脉冲输出。此外，电磁弹射技术也需要极庞大的电力供应。考虑到影响损耗，起飞时航载机所需的充电功率约为4000kW左右，这个用电量相当于同时启动3600多台1.5匹的空调。由此可以看出，不管是单兵武器还是军事装备，电能源的发展，应该涵盖以下几个特点：

（1）就单兵系统供能设备而言，需要重量轻、比能高。美国国防部自 1997 年 5 月以来便开始着手进行军队转型，率先建立了信息化快速反应部队。其将整个战场布局成一个交错密布的信息化网络，每个作战的平台也成为信息化交错的节点，每个平台上的作战部队便能够及时获取充分的信息能力、战场态势感知能力，以及体系作战和协同作战的能力。如此一来，"未来作战系统"便转化为了网络信息中心战。值得注意的是，电源是维持各类信息设备平稳运行，进行信息获取必不可少的设备。所以，电源的容量、功率、能量等关键参数，便成为了非常重要的评价指标。在伊拉克战争中，美军投入使用了 BB-2590 型锂离子电池，该电池能工作 30h 以上，在战场上受到了作战部队官兵的一致好评。除此之外，英国"未来士兵技术"计划（FIST）、德国"未来步兵系统"计划（IdZ）、法国 FELIN 单兵系统、荷兰 SMP 计划、意大利 SF 计划也都将高性能的单兵电源列入单兵作战系统发展计划之中[1]。

然而，单兵电源在追求高性能的同时，仍要注意单兵负荷问题。因此，轻质量便成为电源发展的一个关键指标。美国陆军在 2006 年的一项调查中发现，士兵在执行为期 5 天的任务时，平均每个单兵的武器瞄准具、夜视装备、导航装备、个人电台便要消耗 88 节 5 号电池，一个步兵营每年在电池上的花费甚至超过 15 万美元。同年，加拿大陆军在阿富汗"美杜莎"行动中，一个步兵连仅仅 2 周就消耗了 1.75 万节电池；1 个 33 人的步兵排在执行 48h 的巡逻任务中，人均携带的电池负载达 3.76kg，整个排的电池携带总量超过 124kg，其中近一半都是用于通信设备。2011 年，美军士兵执行为期 72h 的巡逻任务时，平均每人携带 33 节电池，总重量超过了 4.5kg；而到了 2012 年，人均携带电池数量增长到 50 节，重量接近 8kg。可以看出，随着武器升级，电池用量需求不断提升，单兵负重量也持续增加。因此，发展重量轻、比能高的单兵电源电池是增强作战能力的一项重要任务。

（2）就作战平台设备而言，需要动力能源稳定、可持续输出。

"歌利亚"（Goliath）无人爆破战车是德国在第二次世界大战期间的武器装备，该战车有电动和汽油两种版本，配备线导控制系统，满足战场的需求，这是较为早期的电动武器装备。如今，欧美国家借鉴上述装备已经在加紧开发油电混合驱动的军用车辆应用于未来战争系统，来缓解日益枯竭的不可再生能源形势。电混合动力的引入，不仅降低了车辆的研发成本，改进了燃油系统，节约了资源，更重要的是极大地摆脱了燃料保障的后勤需求，也降低了装备的整体重量。值得注意的是，混合动力军用车辆在一定范围内如果采用纯电动模式运行，便能够赋予车辆和作战平台一定的隐蔽性。2015年，美国陆军纳迪克士兵研究开发与工程中心牵头研发了一款超轻型车辆（Ultra Light Vehicle，ULV）油电混动军车。该汽车便采用油电混合动力，其电力是由一组 $14.2kW·h$ 的磷酸铁锂电池提供。在混动状态下，这辆车最大行驶里程可达到700km，在纯电续航状态下几乎没有任何噪声，并且最大行驶里程可达到33.7km。

近几年以来，美、法、德、日军方在油电混合以及纯电动军车上投入了大量的精力，也取得了一些原创性的突破。目前，北约等军事强国已经采取从单纯的动力电池研发转型到动力电池与传动技术并行研发的策略。以轮毂电机为例，该装备的工作原理是通过线缆将动力直接传递给全部驱动轮，摆脱了前传动轴和前部分动箱，从而降低了军用车的噪声和自重。2010年，美军便使用其在军事应用上取得了突破。后来，日本自卫队六轮混动105突击炮上装备了轮毂电机。俄罗斯"白杨"系列导弹运输车也是将轮毂电机与燃气轮机发电相协同进行动力驱动。不仅如此，近年来，装备轮毂电机的混合动力轮式装甲车也陆续问世。可见，西方军事强国利用混合动力在军用战车装备上取得了一系列原创性的成果，许多战车也已进入了测试阶段。而我国在该领域的发展和应用刚刚处于起步阶段，尤其是在军事方面的应用更是与西方国家存在较大的差距，需要持续攻关，稳步发展。

随着美国通用公司与美国海军进行水面作战部队合作的不断优化升级，电储能装备在海军装备领域已经开始广泛应用。近几年，通用公司为海豹突击队迷你潜艇配备了高性能的电池作为主要动力来源。这是由于电动力在水下应用时，能极大地提高水下潜航器的隐蔽性、机动性和安全性。北约、俄罗斯诸多军事强国已经在素有"水下轻骑兵"的蛙人运载器上配备了铅酸、镍氢和锂离子电池。此外，美国海军"先进蛙人输送系统"（ASDS）、"无人水下航行器"（UUV）、"海底滑行者"无人水下侦察监视潜航器，以及英国海军多用途无人潜航器（UUV）"泰利斯曼"（Talisman）都配备锂离子电池组作为主要动力源。这些高性能的动力源不仅具有上述优点，当与其他动力源相协同时，还能极大地增强水下续航能力，俄罗斯海军使用柴电动力"拉达"级非核潜艇在水下可以达到 6500n mile 续航能力。基于此，俄海军中央设计局"红宝石"专家预测，"阿穆尔"1650 型潜艇装备了锂离子电池组，其水下续航能力和航速都将得到大幅提高。高性能电池组的引入对军事力量的提升起到了不可磨灭的作用，这也为未来军事装备的发展提供了参考价值。

不仅如此，电储能装备在航空航天领域也表现出毫不逊色的地位。尤其是在 2018 年，随着蓄电池与太阳能电池板联合组成供电电源，并被广泛地应用在无人小/微型侦察机中，电动航空也迈向了一个新的里程碑。众所周知，无人机或小型侦察机主要负责在室内外执行各种特殊任务，要求其不仅具备较高的机动性，同时应该有极强的续航能力，以免在任务完成过程中出现意外。因此，储能系统就显得格外重要。20 世纪 90 年代，AeroVironmen 公司推出的具有代表性的"龙眼"（Dragon Eye）无人机、"黄峰"无人机，以及桑德斯公司推出的"微星"（Microstar）无人机在阿富汗战争和伊拉克战争中表现出了令人震撼的效果，这也是早期美国国防高级研究计划局（DARPA）利用小/微型无人机来侦察战场环境的典型案例。另外，美军战斗机中存在一个型号为 X-37B 的空天战斗机，也是较为先进的战争装备，在轨时通常由砷化镓太阳能电池和锂离子电池提供动力，而普通轨道飞行器则是采用氢氧燃料电池，这是两者最大的不同之处。

然而，值得一提的是，目前新能源领域在世界范围内，仍然有一些国家的企业对关键的先进技术进行封锁性管理，比如美国的通用、克莱斯勒，法国的雷诺，德国的莱茵金属、奔驰，日本的丰田和三菱。它们既是本国制造业的领军企业，又是规模庞大的军工企业，为本国的军队提供尖端的技术并担负着装备制造的任务，具备强大的研发能力，这也进一步说明未来新能源及其电能源在战场上将发挥越来越重要的作用。

（3）就后勤保障供能而言，需要开发新型电储能装备。纵观现代化的战争环境，电能源储能不仅支撑了一些尖端设备的平稳运行，在作战保障中也会起到很大的服务作用。举例而言，战场上使用的机载、车载和舰载通信设备，目前大多采用铅酸电池和锂离子电池作为电能源，但是一旦处于极寒极热的极端环境，或者在环境较为严酷的国家地区当中，上述电能源便很难正常发挥其电化学性能，这是由战场环境所决定的。比如，在高纬度的荷兰、瑞典等国家，只能通过为军队配备电热被服的方式，克服极端环境的危害。而在热带地区作战的美军官兵则计划为其军服上装备微型的特制空调，以改善作战条件。就部队的安全性而言，不同的电源供能存在不同的安全隐患。比如，野战部队在野外宿营时，如果使用噪声大、热辐射强的发电机进行供电，则势必带来隐蔽性差的安全隐患；相反，如果有大容量的电源设备为野战指挥系统和后勤保障系统持续供电，实现电能供给的绿色运行，则极大地提高了部队的隐蔽性。

综上可以看出，未来电能源在军事应用中，会逐渐往安全性高、重量轻、比能高、寿命长、环境适应性和人机交互性强等方面发展。然而，在未来信息化战争中，科技仍然是核心战斗力，新型先进能源的开发利用已成必然趋势，先进电化学储能技术在新型能源发展过程中必不可少，军事能源与军事装备必须协同推进、强强联合。但是，无论军事能源规模多大，其根本的高安全性、高可靠性、高功能密度、长寿命的电源仍然是基本要求。

除此之外，在未来战场上绝不容忽视的两股力量，便是智能化单兵和智能机器人。如果军用电能源在智能化单兵和智能机器人方面进行应用，则会对军用电能源提出更高的要求。比如，比能量高、可结构化、模块化、柔性、可穿戴性、可植入、可智能重组的电化学电源技术，将成为未来电能源发展的一个重要趋势。不同的环境中，所需要的军事能源的特征也不尽相同。在新型战略威慑领域，超大功率输出、超长贮备、安全可靠电化学电源则起到了至关重要的作用。而能与人体共形的、重量轻的电源设备则更会受到作战单兵的青睐。而那些长期处于备战状态的电能源，则会通过任务执行期间的实际条件有针对性地对电能源进行特殊的需求设计。不可否认的是，时至今日，极端环境下的电化学能源储存和应用，在世界范围内仍属于难题。该难题将对未来电能源新材料体系的研发、长期使用过程中的表界面变化、电池激活过程的影响以及性能评估和安全检测等方面提出了更严苛的挑战。

总而言之，随着战争现代化进程的不断加快，电能源在军用领域中的地位也日益凸显。新型的电能源储能技术也因此面临着更高要求的挑战。目前，国内的新能源产业仍处于萌芽发展阶段，产业链尚不完整，基础设施较为零散，政策法规相比欧美国家也相对滞后。在军事装备领域，我军武器装备利用新型先进能源的先例还远远不够，先进的储能技术推广力度也较小，但是发展空间和应用空间却无限广阔。总之，其未来发展可简单总结为以下几个方面：

（1）向"更高"性能进军。发展高性能、高稳定性的正负极电极材料和固态电解质，开发高能量密度和高功率密度兼顾的电芯技术，大幅度增强电池的使用寿命，更高限度地降低电池自重，摆脱单兵高负荷作战，是提高单兵长期作战能力的重要一环。

（2）向"更快"充电进军。在满足电池高比能的基础上，实现电池的超快充电速度，可有效地减少因电池动力不足带来的时间拖延问题。而充电的快速完成，也可进一步地减少单兵对电池的负荷。

（3）向"更强"安全进军。以军事场景为需求，无论是支撑单兵作战还是作为作战平台的持续动力能源，电池自身安全性不容忽视。研究表明，电池包能量密度一旦超过 $220\text{W}\cdot\text{h/kg}$，在战场的极端环境下，极易发生起火、爆炸等次生灾害，严重威胁士兵和军备的安全。因此，电池安全问题，已经成为军用电源的能量密度和效能进一步发展的核心障碍，这也极大限制了军备电气化、智能化和机动性的进一步发展。设计高安全性的电池系统，是维持作战系统长效运转的重要前提。此外，以锂离子电池为例，目前商业锂离子电池在极端苛刻的环境下很难维持稳定的动力输入，如何保证电池在深空、深海、极寒、高温高湿、高腐蚀、抗打击条件和作战环境下特种电源平稳运行，也是未来能源系统必须面临的重大问题。

目前，能源与环境问题始终是制约人类社会发展的关键因素，强化科技协同创新，促进资源统筹共享，不仅在技术层面，而且在需求和应用层面也提出了更高的要求。储能是提高能源利用效率的重要手段，是实现新型可再生能源实际应用的重要环节。电化学储能作为储能技术的重要组成部分，在武器及装备领域中的应用和发展前景广阔。随着我国军事综合实力的不断上升和制度的配套完善，电能源在我国我军武器装备建设方面将发挥越来越重要的作用。

1.2 机械化、信息化、智能化战争中的电能源

电力能源和内燃机的出现使人类战争进入到机械化时代。机械化战争是主要使用坦克、飞机等机械化武器装备进行的战争，是工业时代战争的基本形态。第一次世界大战后，机械化战争进入迅速发展时期；到第二次世界大战，其规模达到了顶峰。

二战中，电力能源是重要的生产保障。日本在侵华战争中攻占东北、武汉等地后，迅速将当地的发电厂据为己有，并强迫劳工开展大规模的电力建设，可见电力工业在战争中的重要性。二战中无线电设备得到广泛应用，如电台、雷达等，电力能源作为无线电设备运转的保障，显得格外重要（如图1-1所示）。德军对无线电的应用一度领先世界，无线电的运用令德军在协调及空军支援、敌情掌握上都远优

于对手，在战争初期通过"闪电战"的手段取得了一系列的胜利。英军的雷达技术在二战中一直处于优势地位，"不列颠空战"中英军利用雷达对德国空军进行监测，保证英国空军在最合适的地点和最合适的时间升空，对德国空军进行作战，取得了关键的胜利。

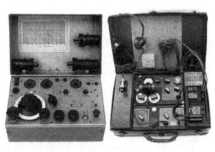

图 1-1 二战期间盟军使用的 PARASET 秘密电台[2]

除了在无线电设备领域的应用，二战中的一些水中装备也应用了电能源，其中最主要的是以铅酸蓄电池作为潜艇电源和鱼雷电源。二战中期，随着电池技术的发展，电池能量密度和容量不断提升，战斗机逐渐使用电启动替代机械启动，有效地节省了启动过程中的人力和时间。二战后期，德国研发了热电池并应用于 V2 火箭中，热电池的放电功率较大，其脉冲电流密度可以达到数十安培每平方厘米。二战中电能源在战场上已经成为战争中的重要能量来源，对于武器装备的续航具有重要作用，战争后期随着技术发展，武器装备对电流密度、能量密度有了更高的要求。

二战后至今，军备竞赛从未停止，武器装备不断升级，对电能源的要求也越来越高，如鱼雷、潜艇对航速、航程、潜深等性能要求的提高，需要装备具有高比能量、高比功率的电池作电源；舰载防空导弹的出现，需要舰载雷达具有更大的探测范围以实现精确制导，雷达耗电功率爆发式增长[3]。为了满足需求，锌银电池、镉镍电池、氢镍电池、锂电池、燃料电池、太阳能电池、温差电池等先后投入到使用中，二战中已经得到应用的铅酸蓄电池、热电池等的性能也都得到了极大的提升。

随着科技的发展，战争形态逐渐改变，电能源在战争中的地位愈发重要。20世纪70年代以后，人类社会逐步由工业社会向信息社会转型。与此同时，信息化也成为军事技术发展的重要内容。美、苏等军事强国在70年代基本上实现了指挥自动化，武器装备也向信息化方向发展[4]。1976年，美国军事理论家T.罗那首次提出"信息战"概念。信息化战争是一种充分利用信息资源并依赖于信息的战争形态，是指在信息技术高度发展以及信息时代核威慑条件下，交战双方以信息化军队为主要作战力量，在陆、海、空、天、电等全维空间展开的多军兵种一体化的战争。

海湾战争中，信息化武器装备在战争中发挥出整体性作用，制信息权成为继制海权、制空权之后新的军事争夺制高点。预警、指挥、控制、通信和情报是现代战争赖以进行的重要手段，电能源则是信息获取和传输的重要支撑。海湾战争中，美军利用石墨炸弹对伊拉克电厂进行打击，使伊拉克全国85%的电力系统永久性报废，雷达系统完全陷入瘫痪，伊军指挥失灵，通信中断，空中搜索与反击能力丧失，处于被动挨打的地位。美国陆军士兵人手一部GPS设备，为后方火炮和空军提供定位，进行精准打击。美军飞机、坦克、步兵战斗车乃至单兵武器都装备有红外夜视装置、激光夜视仪和红外热成像设备等夜视夜瞄器材，能够进行全天候作战，在夜间对伊军进行有效打击，这些电子设备大多使用AA碱性电池作为供能装置。

在信息化战争中，战争能量在有限空间内精确释放，交战空间大为缩小，作战效能极大提高，利用高能武器进行精确打击逐渐替代机械化战争时代的地毯式轰炸。1972年，美军仅用15枚激光制导炸弹就炸毁了此前出动700架次飞机、投掷1.25万吨常规炸弹也未能摧毁的越南清化大桥，精确战时代由此开始。电磁武器、粒子束武器、微波武器和最具发展前景的激光武器等新概念武器都是以消耗巨大电能为前提，电能或电能脉冲释放的大小决定了这些高能武器杀伤力的大小。在未来的武器装备发展中，更强大的武器系统，取决于更强大的电力系统和其所输出的强大电能。由此看来，电能将会带来战争形态的改变，以电能武器系统为主体的光战争也将登上历史舞台[5]。

第 1 章 战争与电能源

除了直接用电能进行杀伤的高能武器，利用电能提供动力的武器装备所需电量和功率也十分惊人。美军"福特"号航空母舰所使用的电磁弹射器每次弹射需要耗费 121MJ 的电量，并在短短 2～3s 的时间内完成。在极端条件下，4 条弹射器同时弹射所需的瞬时功率为 242MW（如图 1-2 所示）[6]。我国著名东风巡航导弹最大功率的输出可达到 1000000GW，需使用专用电网供电，并且还需要配备容量极大的超导电池（如图 1-3 所示）[7]。

图 1-2 "福特"号航空母舰

图 1-3 东风 10a 陆基巡航导弹

21 世纪以来，以人工智能为核心的智能科技的快速发展，加快了新一轮军事革命的进程，军事领域的竞争正加速走向智权时代，战争的制胜机理将完全改变，智能化战争时代加速到来，无人化智能化技术支持下的有人-无人协同作战，甚至是完全无人的蜂群、雁群、狼群作战成为重要的战争手段（如图 1-4 所示）。纳卡冲突中，阿塞拜疆运用智能无人机"蜂群战术"对亚美尼亚的地面装甲部队造成重大毁伤，无人作战平台第一次超过有人平台，达75%以上，被视作智能化战争时代开启的标志[8]。

图1-4 无人机蜂群作战[9]

智能化战争对电能源提出了更高的要求。无人机、无人巡逻车、无人潜水器等无人作战装备需要适应各种复杂环境，能超长时在全天候、全谱电磁、全谱地理环境实施作战，并且通过搭载不同的载荷实现不同的功能需求，比如搭载大功率武器，即可成为强大的攻击性武器，适用于打击防空系统等各类高价值目标；搭载通信设备，即可成为移动的分布式组网的通信节点，为战争提供动态组网的传输网络[10]。这对动力电池的续航能力、环境适应性、功率等性能都提出了新的需求。

军事智能化发展到一定阶段后，在高级AI、量子计算、IPv6、高超声速等技术共同作用下，无人作战集群在AI主导下围绕目标迅速聚焦，时间越来越被压缩，对抗速度越来越快，电力将成为算力的重要保障[11]。俄乌冲突中，双方利用无人机进行侦察、定点打击等任务。据报道，双方的无人机还需要人工发送指令，打击精度也有待提升。在智能化战争中，随着算法的升级，无人作战设备有望通过海量数据关联分析，对战场态势进行呈现、分析和预测，辅助指挥员预判敌方企图、动向和威胁，甚至自主做出判断并传递指令[12]。算力的高耗能属性决定了其与电力存在着紧密的相互支撑关系，目前无人机广泛使用的太阳能电池、燃料电池、锂电池等供能装置难以支撑如此高强度的计算和信息传递,开发具有更高能量密度和更大功率的电池势在必行。

总之,在机械化战争时代,电能源的重要性已经初见端倪。相较于机械化战争,在智能化战争中电能源会成为更重要的能量来源,武器装备的算力、动力和打击力,在很大程度上取决于电能源技术水平。

1.3 全电化、无人化、智能化武器装备的电能源需求与现状

1991年1月爆发的海湾战争拉开了现代高技术局部战争的序幕,随着科技的不断发展,信息科技、新材料技术、新能源技术等高新科技流入武器装备领域,国防和军队建设聚焦科技自主创新、原始创新,未来战争呈现全电化、无人化、智能化发展趋势。可以实现战术静音、对敌精准打击并极大提升战场能源保障能力的全电化作战力量成为各军事强国发展的焦点;无人作战装备将走向战争前沿,逐渐成为主要的作战力量;新一代人工智能技术快速走向战场,抢占算法优势,就更容易取得战争主动权。

1.3.1 全电化武器装备及电能源需求

全电化武器装备以电动机作为动力装置,电驱装备动力系统运行噪声小,利于隐蔽接敌,同时依托电能提供火力,装配的电磁能、激光等新概念武器可以实现对敌精准打击,造成持续毁伤。基于以上巨大优势,武器装备全电化技术得到迅速发展,尤其在全电推进战舰领域,不少国家取得了一定成果。

作为法国海军首款采用整合式电力推进系统的舰船,"西北风"级两栖攻击舰受到广泛关注(如图1-5所示)[13]。与传统机械式推进动

力系统不同,该舰原动机与发电机直接相连,原动机机械能直接转换为电能,在电力分配系统下,电能一方面用于推动舰船运动,另一方面直接用于舰艇武器装备、电子系统以及生活用电。在全电推进模式下,舰艇节省了传动轴系等部件空间,计算机分配系统有利于在高速驱动与高耗能舰载武器之间调节电力,使舰船更适应未来战争需求。

图1-5 "西北风"级两栖攻击舰

尽管优势众多,但舰艇全电化意味着其战力与电能安全息息相关,电能安全系统及储能系统等需要进一步发展与完善,电源系统需要向高功率密度趋势发展[14-15]。以美国"福特"号航母为例,弹射舰载机时,搭载的电磁弹射器峰值功率可达100~200MW,而在目前技术水平下,这部分用电无法直接依赖于电力系统实时供给,需要依靠储能系统储存的电力进行供电。电磁弹射器在实战应用中,巨量的电能需要在短时间内按照功率要求迅速释放,因此应用于相应场景的高充放电速率、高功率密度的电源系统亟待发展。

此外,在陆战平台全电化领域,高能武器的小型化仍然是需要解决的难题,与武器的小型化随之而来的是其储能系统、电力系统的小型化。以车载激光武器为例,航天科工集团公司推出的LW30车载战术激光武器输出功率为30kW,未来若搭配更高功率的激光武器,则需更加庞大的供电模块,相应地对机动载具的承载能力要求更高。

1.3.2 无人化武器装备及电能源需求

无人化作战以无人飞机、机器人、无人陆上战车以及无人舰艇等无人作战平台为主导力量，深入战场各维度空间。目前，无人化作战已成为重要的作战形式，相应的武器装备不仅可以提供战场侦察、资料收集等辅助功能，更是实施电子战、精准摧毁敌方目标等的利刃。

以波士顿动力公司的机器狗为例，在美国国防高级研究计划局（DARPA）的资助下，该公司于 2005 年推出了第一款机器狗——BigDog，该产品由液压系统驱动引擎，能够行走、攀爬以及负载重物。随着产品的更新换代，波士顿动力公司先后推动开发了锂聚合物电池供电的 LittleDog、可在负重 200kg 下执行短距离野外任务的 AlphaDog Proto 和能躲避障碍物的进阶版机器狗 LS3 等。尽管机器狗在协助执行任务、运输物资等方面提供了诸多便利，但在实际行动中，液压系统的 LS3 暴露出了噪声太大、维修困难等缺点，不适合投入实战部署。基于噪声问题，电池驱动引擎的机器狗随之出现。2016 年推出的全电动机器狗 SpotMini（如图 1-6 所示）不再涉及液压系统，一次充电可续航 90min，且更具有战场隐蔽性，但纯电驱动导致机器狗体积、负载、动力下降[16]。在未来战场

图 1-6 全电动机器狗 SpotMini

上，发展对应的高功率密度电池系统，对于改善电驱动机器狗续航能力、提高其侦察作战水平具有重要意义。

1.3.3 智能化武器装备及电能源需求

武器装备智能化是指将人工智能技术应用于装备系统，从而使武器系统具备自动目标识别、信息处理、可互操作性等功能。从机器人哨兵到智能化防空系统，再到精确制导武器，人工智能技术的不断应

用推动了智能化武器装备的进步与发展。

作为典型的智能化武器，智能防空系统可以在人工智能技术的帮助下实现准确检测、跟踪、选择、处理空中威胁的功能，以维护国家防空安全。以俄罗斯防空军第四代地空导弹系统 S-400 为例，该系统可发射低空、中空、高空、近程、中程等各种类型导弹，构成多层次防空屏障，先进的相控阵雷达增加了系统探测和跟踪距离，可同时完成搜索跟踪目标、制导等多项任务。人工智能的参与极大提升了武器装备的性能，但智能算力功耗不可忽略。据估算，拥有 1202 个 CPU 的人工智能程序 AlphaGo 功率可达十几万瓦。极高的算力功耗对智能化武器的电力供应系统提出了相应要求，想要提升武器装备人工智能化水平，提高系统算力是重中之重，因此发展相应的电能源技术同样必不可少。

在步兵作战领域，智能化可穿戴单兵作战系统已经成为战士在未来日益网络化、复杂化战场中不可或缺的一部分。俄罗斯的"未来战士"单兵作战系统在配备射击武器、防弹衣、护目镜之外，兼有导航系统、生命保障系统以及相应的供电系统。小而轻便的综合作战装备体系使战士拥有在多种环境下作战、防护以及生存能力，适于全天候作战。在国庆 70 周年阅兵式上，我军新一代单兵作战装备首次公开亮相，利用装配的智能化夜视仪、可穿戴运动摄像机等可穿戴单兵装备，使战士能够在各个作战单元之间实现及时互联互通，更快掌握敌我动态，增强战场感知能力。随着可穿戴士兵系统的进一步发展，更多智能化装备的装配使系统对电能的要求日益增加，续航时间受电池能量密度约束情况将日益明显，且可穿戴系统能源对安全性要求较高，发展与之相适应的超薄、安全稳定的高比能电池，对降低可穿戴系统重量、提升装备续航能力有重要意义。此外，在高寒缺氧地区作战，电源长期超低温工作严重影响其性能，如青藏高原地区，最低气温可达零下 50℃，发展低温性能优异的特种电池对提高此类地区的智能化单兵作战水平有重要帮助。

综上所述，军用电能源技术既是制约武器装备、提升战技水平的重要瓶颈，也是引领生成新质战斗力的重要支撑，未来战争想要向全电化、无人化、智能化发展，就必须发展相应的军用电能源技术。

1.4 面向未来战争的军用电能源

1.4.1 传统的军用电能源技术体系

目前，军用电能源在装备体系中一般定位为一项重要的分系统，为武器装备的侦察、通信、控制、动力、攻击等载荷提供电能供给保障。针对这样的任务使命，当前军用电能源产品按照功能划分，主要包括发电、储电、输电、用电等4个大类，技术体系进一步可分解为物理发电技术、化学发电技术、可充电储能器件技术、原电池和贮备电池技术、军用微电网技术、无线传能技术、复合集成电源系统技术、微纳集成电源技术等8类（如图1-7所示）。

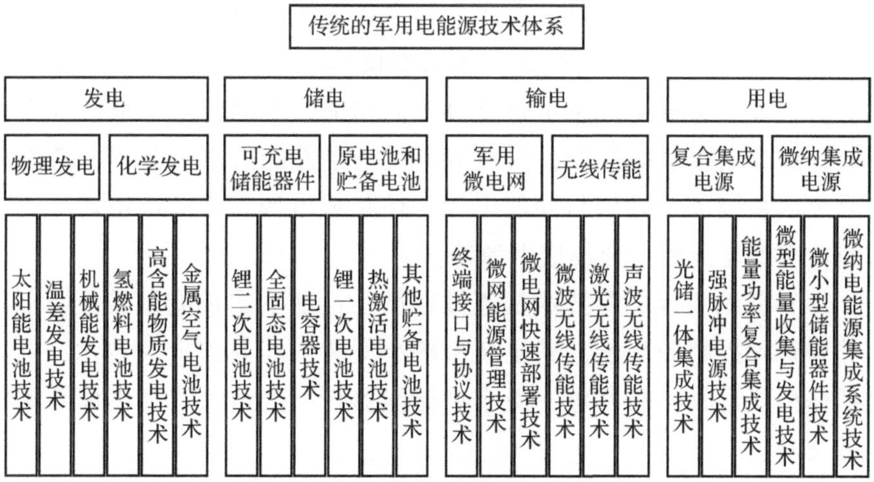

图1-7 传统军用电能源技术体系

（1）物理发电技术是指通过物理机制，将光能、热能、机械能等其他形式能量转变为电能的技术，主要包括太阳能电池技术、温差发电技术和摩擦发电技术等，具有能量转换效率较高、速率较快等特点。

（2）化学发电技术主要是指通过电化学机制，将化学能转变为电能的技术，主要包括氢燃料电池、金属空气电池技术以及其他高含能物质发电技术等，具有综合能效高、功率扩展能力强、红外和噪声特征低等特点。

（3）可充电储能器件技术是指通过控制电子、离子的能级状态，实现电能存储和释放的技术，主要包括锂二次电池技术、全固态电池技术和各类电容器技术等，具有能够多次充放电、比能量和比功率高等特点。

（4）原电池长期带电，但完成放电后不可再充电，具有比能量高的突出特点，锂系一次电池是原电池的主流方向。贮备电池在贮存状态下不可放电，激活后能够迅速放电，一般比功率较高，主要用于弹、箭、雷的点火引信设备。

（5）军用微电网旨在面向边海防环境和战时市电失效等极端情况，为武器装备、作战单元和驻防据点等提供高可靠能源保障，主要包括终端接口协议、能源规划管理和微电网快速部署等关键技术要素。

（6）无线传能技术是指以微波、激光、声波等为载体，实现不同空间尺度、不同功率等级电能高效转换和无线传输的技术，需系统性地解决发射端、接收端和介质传输关键技术。

（7）复合集成电源技术是通过不同功能、不同特性电能源要素的集成，提升电源系统性能，以适应各类场景性能需求的技术，典型的复合集成系统包括光伏与储能电池一体集成电源、强脉冲电源、能量型与功率型电能源复合集成电源等。

（8）微纳集成电源技术是通过在微小尺度下实现能量转换、电能存储和管理控制等功能，满足新型微小型装备能源需求的技术，主要包括微型能量收集与发电、微小型储能器件、微纳电能源集成系统等关键技术。

1.4.2 面向未来作战的军用电能源新机制、新形态和新来源

随着智能化技术快速发展，未来战争制胜机理将逐渐转变为人机

交互与机器自主相结合的智能主导,作战模式将高度依赖感知、分析、决策、执行、评估一体化的智能化作战,也必然带动军用电能源技术发展新机制、衍生新形态、拓展新未来(如图 1-8 所示)。

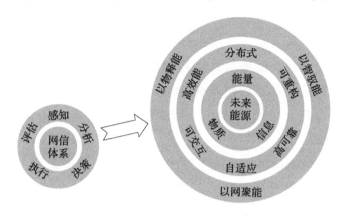

图 1-8 未来战争与电能源技术发展趋势

在网信体系筹下,未来武器装备从深海到太空广域立体布局,从单机到集群无人自主作战,从穿戴到植入的人机混合模式等场景,要求军用电能源全域原位获取自主保障、多模式集成提高比特性、智能化管控实现自适应按需供给。在此背景下,通过能量与物质和信息深度融合,实现高效能、可交互、可重构、自适应、高可靠的分布式能源,是未来军用电能源技术发展的重要方向。下面从以物释能、以网聚能、以智驭能三个方面,阐述其典型的新机制、新形态和新来源发展趋势。

以物释能:通过能量转换机制创新,持续提升传统的物理发电和化学发电技术的关键性能指标,并进一步拓展对生物能源的高效利用技术能力;不断突破二次电池和电容器等现有储能器件的比能量和比功率技术极限,同时探索发展基于超导效应、量子效应、磁电效应等物理机制的电能致密存储与高效释放新技术;通过发电、储能等功能的电能源器件与装备结构部件的一体化、分布式融合,降低电能源载荷在装备系统中的重量和体积占比。

以网聚能:在分布式能源一体化集成和网络化互联的架构下,发展多空间尺度、多功率等级、多能量载体的高效无线能量传输技术，开发基于软件定义联结技术的可组装模块化电源，构建多种形式能源互联互通、多种装备电源互通互换、战场能源自由流通的军用电能源体系，实现广域空间内能源高效互联组网与快速响应调配。

以智驭能：基于能量与信息的深度耦合机制，大幅降低存储和处理信息的能量消耗，发展信息流控制能量流驱动物质流的技术实现途径，通过能源系统状态的精准感知、评估与调控，大幅提升军用电能源系统的服役安全性和可靠性，并实现能源系统输出和装备能源需求的自适应精准匹配。

综上所述，面向智能化战争发展趋势，军用电能源技术围绕高效、安全、可靠、智能的未来发展主线，实现智能化能源与武器装备深度融合，通过精准操控未来战场的信息流、能量流与物质流，全面、精确、高效地驱动作战装备，精准释放作战体系力量，倍增武器装备作战效能，支撑作战模式和制胜机理变革。

参考文献

[1] 王旭东,尹钊,刘畅,等. 储能技术在军事领域中的应用与展望[J]. 储能科学与技术,2020,9(S1):52-61.

[2] Brian A. HF propagation and clandestine communications during the second world war[J]. Journal of the Royal Signals Institution,2009(28):16-22.

[3] 周德鑫,任斌,王晟. 国外水中装备用锂电池发展综述[J]. 电源技术,2015,39(04):846-848.

[4] 叶海军. 空基网络化信息系统浅析[J]. 中国电子科学研究院学报,2021,16(02):184-188.

[5] 新华网. 光战争正在叩响"战场之门"[EB/OL]. (2017-01-10)[2023-03-10]. http://www.xinhuanet.com/mil/2017-01/10/c_129439746.htm.

[6] 肖兵. 美国最新福特级核动力航母下水[J]. 科学大观园,2014,442(01):81.

[7] 窦超. 大国重剑壮军威 从国庆70周年阅兵探析中国战略打击力量的新发展[J]. 坦克装甲车辆,2019,535(21):34-44.

[8] 于威,侯学隆. 从纳卡冲突看无人机作战运用[J]. 舰船电子工程,2022,42(10):8-12.

[9] 孙海文,于邵祯,周末,等. 反无人机蜂群作战指挥控制系统[J]. 指挥控制与仿真,2023,45(02):31-37.

[10] 魏凡,王世忠,郝政疆. 面向智能化战争的电子信息装备需求和方向分析[J]. 中国电子科学研究院学报,2019,14(10):1105-1110.

[11] 吴明曦. 现代战争正在加速从信息化向智能化时代迈进[J]. 科技中国,2020(05):9-14.

[12] 杨耀辉,张三虎,周正. 智能化战争:"强者胜"的三个维度[EB/OL]. (2021-11-30)[2023-03-10]. http://www.81.cn/jfjbmap/content/2021-11/30/content_304211.htm.

[13] 杨王诗剑. 两栖攻击舰？航母？——解读世界主要两栖攻击舰[J]. 兵器知识,2015,374(04):19-27.

[14] 吴晓菲,王蕾. 好用不贵的"西北风"级两栖攻击舰[J]. 现代军事,2017(Z1):146-149.

[15] 李嘉麒,魏曙光,廖自力,等. 陆战平台全电化关键技术发展综述[J]. 兵工学报,2021,42(10):11.

[16] 谢楚政. 四足机器人轨迹规划及控制仿真研究[D]. 株洲:湖南工业大学,2022.

第 2 章　军用电能源实用知识概览

2.1　太阳能电池技术原理和发展现状

2.1.1　太阳能电池的应用场景

随着传统能源逐渐减少和环境污染的加剧，人类迫切需要寻找可再生的清洁能源。太阳能作为一种可再生且无污染的能源引起了广泛关注，因此将太阳能转化为电能的电池得到了飞速的发展，如今太阳能电池已广泛应用于人类日常生活的各个场景（如图 2-1（a）和（b）所示）。这些场景包括但不限于以下几个方面：光缆通信、移动通信基站等通信设施；公路和铁路的信号系统、标志灯等交通设施；路面、草坪等太阳能照明；石油钻井、气象或水文检测设备发电；牧区、高原、沙漠等边远无电地区供电；电动汽车、计算机、手电筒、移动充电宝等日常用品；商业屋顶、家庭住宅顶部发电等分布式太阳能发电及太阳能建筑一体化发电。

太阳能电池由于成本昂贵、转换效率低、电池板笨重易碎，在军事装备中发展较晚。但随着技术的不断突破，太阳能电池性能持续提高，且其成本、体积和重量不断下降，已成为适应各种军事复杂环境

第 2 章 军用电能源实用知识概览

的重要移动能源，并广泛应用于军事场景中，如野外基地供电、无人机供电、水下自主航行等（如图 2-1（c）和（d）所示）。除此之外，军事作战朝着智能化、信息化的方向发展，智能化战场将成为太阳能电池最具挑战的新场景。智能化作战对器件集成度的要求越来越高，未来作战的重点在于微型太阳电池的尺寸缩小和性能研究。

(a) 屋顶分布式发电系统[1]

(b) 太阳能汽车[2]

(c) 野外基地供电[3]

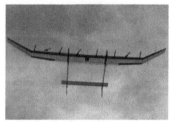
(d) 太阳能无人机[4]

图 2-1　太阳能电池的应用

2.1.2　太阳能电池原理

太阳能电池，顾名思义是将太阳能转化为电能的半导体器件，当器件受到光照后，半导体内部的 PN 结产生响应，电荷分布状态发生变化进而产生电动势，在 PN 结两端产生感应电压，把半导体器件连接进入回路时产生电流，物理学上把这种现象称为光生伏特（Photovoltaic，PV），简称光伏。

太阳能电池种类繁多，目前商业化的主流选择是晶硅太阳能电池。硅太阳能电池的原材料——硅是一种半导体材料，硅为 IVA 族元素，其原子核外有 4 个价电子，能够与周围硅原子共同结合形成共价键，使硅达到 8 电子稳定状态。当在硅中掺杂具有不同价电子的元素时，就会形成不平衡的结构。硼原子核外具有 3 个价电子，作为掺杂元素混入硅元素中时，由于与硅相比缺少 1 个价电子，就会在其晶体结构中产生缺少一个电子的空位，称为空穴。同时，其他位置的电子会移动过来填充该空穴，可看作是空穴在移动，且带一个单位正电，将这种材料称为 P 型硅。同理，磷原子核外具有 5 个价电子，作为掺杂元素混入硅元素中时，与硅相比多了 1 个价电子，这 1 个价电子则易成为自由电子，由于自由电子带一个单位负电，因而将这种材料称为 N 型硅（如图 2-2 所示）。

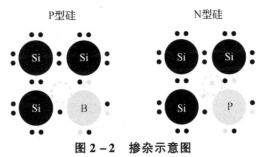

图 2-2　掺杂示意图

由 PN 结的定义可知，N 型半导体中具有较多的电子，P 型半导体具有较多的空穴，将 P 型和 N 型半导体结合时，接触面就会产生电势差。所以将 P 型硅与 N 型硅结合时，接触面两侧的电子和空穴就会相互扩散，使得 P 型硅一侧获得电子形成负电区，N 型硅一侧失去电子而形成正电区，从而形成内建电场。同时内建电场的存在也阻止了接触面两侧空穴和自由电子进一步扩散（如图 2-3 所示）。

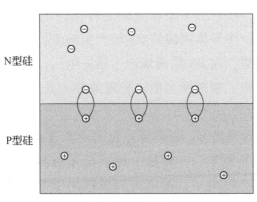

图 2-3　PN 结

P型硅和N型硅中受束缚的价电子吸收太阳光的光子能量后，摆脱束缚而形成自由电子和空穴。被光子能量激发的电子和空穴在内建电场的作用下分离，电子被送至N型硅区域，空穴被送至P型硅区域，使得N型硅区域带负电，P型硅区域带正电，从而在N型硅与P型硅之间产生电势差。此时，如果将N区、P区用外电路连通，即可在外电路中形成电流（如图2-4所示）。

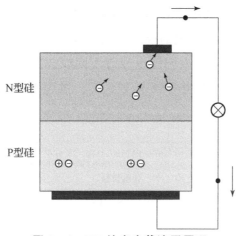

图2-4　PN结光生载流子原理

半导体的导电能力较弱，电子通过PN结后在半导体内部移动时，电阻会变得非常大，导致产生较大的损耗。为了改善导电性，不能仅仅通过在上层添加金属层来实现，因为金属层会阻挡太阳光，导致其不能到达晶硅太阳能电池内部，进而无法产生电流。因此通常采用金属网格来覆盖晶硅太阳能电池的PN结，以增加导地线并改善入射光面积。此外，在太阳光激发下，单个电池所能提供的电流和电压有限。因此，研究人员将多电池并联或串联起来使用，形成太阳能电池板。

2.1.3　太阳能电池的性能由什么决定？

在太阳能电池的研究与应用中，我们最关注的就是太阳能电池的性能，即太阳能的光电转换性能，包括太阳能电池的光学性能，例如代表吸光能力的光吸收特性，也包括太阳能电池的电学性能，例如作为电子元件常见的电阻、开路电压、短路电流、功率等性能参数,以及代表实际性能与理想性能差距的填充因子,这些都是衡量太阳能电池性能的重要标准。

1. 光吸收特性

太阳能电池的光吸收特性表明其吸收太阳光能量的能力,通常用吸收光谱来表示,可以从中看出该太阳能电池在不同波段光源的吸收量,进而得出其吸收太阳光能量的能力。太阳能电池的光吸收能力见图2-5,从图中看到,不同的太阳能电池对不同波长的光的吸收强度是不同的,只有当太阳能电池能吸收范围更广、强度更高的太阳光能量时,才能转换出更多的电能[5]。

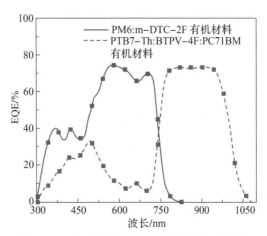

图2-5 太阳能电池的光吸收能力示意图

2. 太阳能电池的等效电路

太阳能电池根据其物理特性,可转化为一个非理想的电池原件(如图2-6所示),在与外电路连接的时候它可以提供电路运行所需的电压和电流,但存在内电阻。太阳能电池在工作状态(太阳光照下)和非工作状态下(无光照)存在两种不同的电流状态,其中非工作状态下的电流即为暗电流(I_D),工作状态下的光电流与暗电流的差值即为净光电流($I_{ph} - I_D$)。由于其复杂的物理结构,太阳能电池在电路中

还存在串联电阻 R_s 和并联电阻 R_{sh},而图 2-6 中的输出电压 U 与其开路电压有直接的关系[6]。

3. 电阻

由于太阳能电池本身是一种多层的结构,不同层的材料自身存在一定的体电阻、层与层之间的接触等问题,都会不可避免地在有电流通过时引起能量的损耗,我们把这种电阻等效在一起,称之为串联电阻,即为图 2-6 中的 R_s。

同时太阳能电池制备过程中,不可避免地会有裂缝、杂质、污染等缺陷,造成部分漏电流。漏电流通过的负载会造成电流短路,等效出来的该部分负载即为串联电路 R_{sh},也称为旁路电阻。

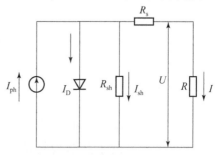

图 2-6 太阳能电池的等效电路图

4. 开路电压

太阳能电池的开路电压指的是其在不加任何负载状态下得到的输出电压,一般用 U_{oc} 表示。对于常规的太阳能电池,当我们把它看成是理想电池的时候,即认为其没有电阻,可简化为如图 2-7 所示状态,且由于开路,则认为所有的电流都为 0,这个时候输出电压 U 就是开路电压 U_{oc},即 U_{oc} 是理想状态下的输出电压,也是最大的输出电压。开路电压作为一个基准对输出电压有着直接的影响,可根据开路电压的数值,使用多个太阳能电池组装成系统,从而形成不同的输出电压[6]。

5. 短路电流

太阳能电池的短路电流,就是无负载时回路中的电流,用 I_{sc} 表示,当图 2-7 中的输出电压 U 为 0 时,短路电流等于光生电流 I_{ph}。太阳能电池能吸收的光波长范围,影响短路电流密度的理论最大值,该短路电流密度乘以光电感应材料的面积,即为太阳能电池短路电流的理论最大值。

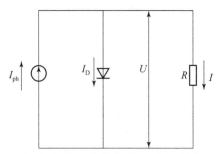

图 2-7　理想太阳能电池的等效电路与开路电压示意图

6. 功率

太阳能电池作为供能器件，其输出功率可直接衡量其在电路中提供能量的能力，由于其结构复杂性，输出功率随外接电阻变化而变化。图 2-8 为太阳能电池的工作曲线，也称为伏安特性曲线，该曲线是通过实验测试出来的实际性能曲线，表示了太阳能电池在不同的电阻下，电阻两端的电压和通过电阻的电流。图中电流为 0 时的电压就是太阳能电池的开路电压 U_{oc}，电压为 0 时的电流即为短路电流 I_{sc}[6]。

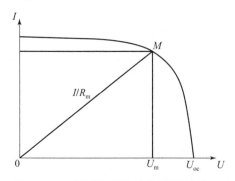

图 2-8　太阳能电池的伏安特性曲线

在伏安特性曲线上的任何一点都可以看作是不同外接电阻下的实际工作点，在任何一点下的工作电压与工作电流的乘积即为输出功率，即在一定的时间里输出的能量，代表了太阳能电池输出能量的能力。

太阳能电池的伏安特性曲线上有一个关键点 M，当外接一个电阻 R_m 时，得到的工作电压与工作电流的乘积就是太阳能电池能稳定输出的最大功率，也是太阳能电池最理想的工作状态。

7. 填充因子

填充因子是衡量太阳能电池性能优劣的一个重要参数，该参数是太阳能电池的最大功率与开路电压和短路电流的乘积之比，通常用 FF 表示，表示太阳能电池在实际电路中工作状态时的最大输出功率与理想状态下的最佳输出功率的比值。

太阳能电池理论上可达到的极限输出功率值是开路电压与短路电流的乘积，它也是理论最大功率。填充因子则是实际最大功率与填充最大功率的比值，它表示了太阳能电池实际输出功率与理论值之间的差异程度。填充因子越大，表示太阳能电池的性能越优越，与理论值越接近。

填充因子的大小与太阳能电池的电阻状态有直接的关系，太阳能电池的串联电阻越小、并联电阻越大，则填充因子越大，表现在电池的伏安特性曲线中为曲线所包含的面积越大，且越接近于正方形。

8. 光电转换效率

太阳能电池的光电转换效率（Power Conversion Efficiency，PCE）是指太阳能电池的最大输出功率与输入的太阳能功率（P_m）的比值，即相同时间里，太阳能电池实际输出的最大能量与吸收的最大能量的比值，也是太阳能电池将太阳能转化为电能输出的最大功率。光电转换效率越高，则利用的太阳光能量就会越充分。

2.1.4 太阳能电池的研究进展

太阳能电池可直接收集太阳能转化为人们日常生活和生产所需的电能。如何高效、清洁、且在低成本的条件下利用太阳能一直是全世界的研究焦点。从1839年亚历山大·爱德蒙·贝克勒尔观察到光伏效应至今，太阳能电池经历了硅基太阳能电池、薄膜太阳能电池、新型太阳能电池三代的发展过程，效率不断提升，如图2-9所示[7]，图中所列研究机构/公司如表2-1所列。

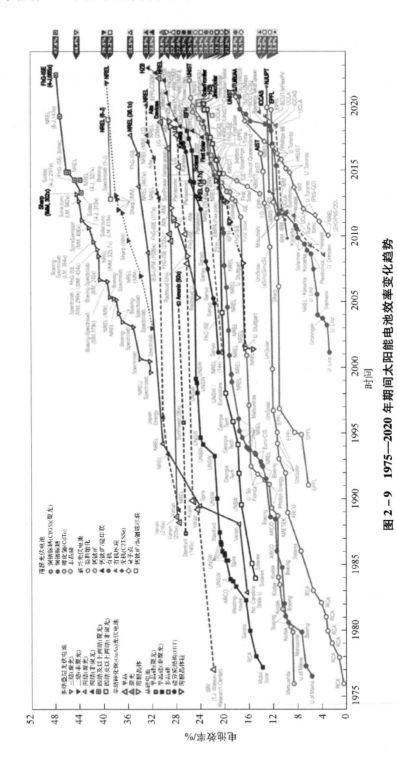

图 2-9 1975—2020 年期间太阳能电池效率变化趋势

第 2 章 军用电能源实用知识概览

表 2-1 图 2-9 中所列研究机构/公司列表

图中标注	机构/公司名称	图中标注	机构/公司名称
AIST	日本产业技术综合研究所	Photon Energy	荷兰量子光能公司
Alta	美国阿尔塔设备公司	Plextronics	美国 Plextronics 公司
AMETEK	美国阿美特克公司	RadboudU	荷兰拉德堡德大学
Amonix	美国安莫斯公司	Raynergy Tek of Taiwan	台湾天光材料科技
ARCO	美国大西洋里奇菲尔德公司	RCA	美国无线电公司
ASU	美国亚利桑那州立大学	Sandia	美国桑地亚国家实验室
Boeing	美国波音公司	Sanyo	日本三洋电机
DGIST	韩国大邱庆北科学技术院	SCUT - CSU	华南理工大学 - 中南大学
EMPA	瑞士联邦材料科学与技术研究所	SCUT - eFlexPV	华南理工大学 - 深圳易柔光伏科技有限公司
EPFL	瑞士洛桑联邦理工学院	Siemens	德国西门子
FhG - ISE	德国弗朗恩霍夫太阳能研究所	Soitec	法国索泰克公司
FirstSolar	美国第一太阳能公司	Solarex	美国 Solarex 公司
GE	美国通用电气	SolarFron	日本太阳能前线公司
Georgia Tech	美国佐治亚理工学院	SolarJunc	美国太阳能联合公司
Groningen	荷兰格罗宁根大学	Solarmer	美国朔荣有机光电
Heliatek	德国海亮泰克公司	Solexel	美国索理思
HKUST	香港理工大学	Solibro	德国索力比亚光伏
HZB	德国柏林亥姆霍兹材料与能源中心	Spectrolab	美国波音光谱实验室
IBM	美国 IBM	Spire	美国斯拜尔公司
ICCAS	中国科学院化学研究所	SpireSemicon	美国斯拜尔半导体
IES - UPM	西班牙马德里理工大学	Stanford	美国斯坦福大学

续表

图中标注	机构/公司名称	图中标注	机构/公司名称
ISCAS	中国科学院半导体研究所	Sumitomo	日本住友化学
ISFH	德国哈梅林太阳能研究所	SunPower	美国太阳力量公司
Japan Energy	日本能源	Trina	美国天合光能
Kaneka	日本钟渊太阳能	U. Dresden	德国德累斯顿工业大学
Kodak	美国柯达	U. Linz	奥地利林茨大学
Konarka	美国康纳克科技公司	U. Maine	美国缅因大学
Kopin	美国高平电子	U. Queensland	澳大利亚昆士兰大学
KRICT	韩国化学技术研究院	U. So. Florida	美国南佛罗里达大学
LG	韩国 LG 电子	U. Stuttgart	德国斯图加特大学
Matsushita/Panasonic	日本松下	U. Toronto	加拿大多伦多大学
MIT	美国麻省理工学院	UCLA	美国加州大学洛杉矶分校
Mitsubishi	日本三菱化学	UniSolar	美国联合太阳能公司
Monosolar	美国 Monosolar 公司	UNIST	韩国蔚山科学技术院
NIMS	日本国立材料研究所	UNSW	澳大利亚新南威尔士大学
No. Carolina State U.	美国北卡罗莱纳州立大学	Varian	美国瓦里安半导体
NREL	美国国家可再生能源实验室	Westinghouse	美国西屋电气
Oxford PV	英国牛津光伏公司	ZSW	德国巴登 - 符腾堡州太阳能和氢研究中心
Phillips 66	美国菲利普 66 公司		

1. 第一代太阳能电池

第一代太阳能电池是以硅为主要原料的硅基太阳能电池。其中，单晶硅太阳能电池的研究始于 1954 年。1977 年，Zhao 等[8]得到了效率高达23.7%的单晶硅太阳能电池。目前，美国Amonix公司研制的单晶硅太阳能电池的转换效率在实验中达到了27.6%[9]。单晶硅太阳能电池具有结晶完整、光电效率转换高、制造工艺及技术纯熟等优点，禁带宽度为1.12eV，与产生光伏效应的最佳禁带宽度（约1.4eV）相匹配，是最有效的光伏电池类型，已实现了商业化，该电池占市场上光伏应用的80%左右。但由于单晶硅太阳能电池主要原料高纯硅价格昂贵，且制造工艺复杂，能耗较大，严重阻碍了单晶硅太阳能电池在实际生产和生活中的应用。

与单晶硅太阳能电池相比，多晶硅太阳能电池的制备工艺与单晶硅太阳能电池类似，但多晶硅太阳能电池所使用的硅较少，成本相对较低，能耗也较小，可大规模生产。2016年，Sheng等[10]制备的多晶硅太阳能电池的效率达到了21.98%。当前由德国ISFH报道的多晶硅太阳能电池的最高转换效率为22.8%[11]。图2-10是多晶硅太阳能电池板和单晶硅太阳能电池板，从外观上看，单晶硅太阳能电池有四个圆角，其制成的电池片厚度一般在200~350μm范围内；多晶太阳能电池硅片是由大量不同大小的结晶区域组成，不同硅片的混合构成赋予了多晶硅面板标志性的蓝色，以及不均匀的纹理和颜色。

(a) 多晶硅太阳能电池板　　(b) 单晶硅太阳能电池板

图2-10　多晶硅太阳能电池板和单晶硅太阳能电池板[12]

非晶硅太阳能电池的工艺过程简单，硅材料需求量小，能耗较少，具有较低的制造成本，便于大面积生产应用。由于非晶硅太阳能电池具有体积薄的特性，因此能够被制成叠层式太阳能电池或者使用集成电路的方法制备。如图2-11所示，面积为0.5cm²的最优柔性聚酰亚胺衬底a-Si/Ge叠层非晶硅柔性太阳能电池，光电转换效率为

11.21%[13]。非晶硅太阳能电池的光电转换效率较低,目前非晶硅太阳能电池的最高效率在13%左右。随着电池运行时间的推移,其光电转换效率会发生衰减,直至达到一个稳定值,该电池多应用于低功率的电力系统,比如电子钟表、微型电子计算器等方面,其较低的转换效率直接限制了在大型太阳能电源方面的应用。

图2-11 柔性衬底a-Si/Ge叠层太阳能电池

2. 第二代太阳能电池

第二代太阳能电池是继硅基太阳能电池之后出现的薄膜太阳能电池,与硅基太阳能电池相比,薄膜太阳能电池对材料的需求量少,易实现大面积制备。同时,薄膜太阳能电池透明和柔性的特性与柔性电池相契合。当下主流的薄膜太阳能电池主要包括硫化镉(CdS)薄膜太阳能电池、碲化镉(CdTe)薄膜太阳能电池、铜铟镓硒(CIGS)薄膜太阳能电池、砷化镓(GaAs)薄膜太阳能电池等几类。其中,CdS具有与太阳光谱较为匹配的带隙和较高的光吸收系数,其光电效率高于非晶硅薄膜电池,成本低于单晶硅电池,易于投入大规模量产;但重金属镉毒性大,无法成为晶体硅太阳能电池理想的替代产品[14]。CdTe是一种禁带宽度为1.45eV的化合物半导体,由于具有较高的光吸收能力,CdTe被认为是具有潜力的薄膜太阳能电池之一,具备良好的应用前景。2017年,First Solar公司研发的CdTe薄膜太阳能电池达到了21.5%的高效率[15]。然而CdTe存在自补偿效应,难以制备出高电导率的同质结。因而,实际应用中多采用异质结薄膜电池结构。此外CdTe本身也具有毒性,限制了其发展潜力。随后,由于CdS和

CdTe 电池的毒性问题，CIGS 薄膜太阳能电池进入了人们的视野，该电池具有轻量化、弱光性能优越等优点，目前该电池在实验室中效率已达到 23.4%[16]。但由于 CIGS 电池制造工艺较为复杂，前期投资成本要求高，从而导致其产业化进程发展缓慢。GaAs 薄膜太阳能电池因转换效率高、抗辐射和抗高温性能良好、可制成多结太阳能电池等诸多优点而发展较快。1956 年，Jenny 制备的首个 GaAs 薄膜太阳能电池效率为 6%[17]。1972 年，Woodall 等[18]通过在 GaAs 表面生长一层宽禁带 $Ga_{(1-x)}Al_xAs$ 窗口层的方法，降低了载流子表面复合率，将电池效率提升至 16%。Mattos[19]等通过优化电池叠层，最大限度提升光吸收，进一步将 GaAs 电池的效率提高到了 23.5%。2011 年，Ho 等在电池结构中添加了 TiO_2/SiO_2 作为减反射层，极大地减少了电池在可见光范围内的反射，使 GaAs 电池效率达到了 25.54%[20]。Bauhuis 等[21]通过优化电池背面结构、低温退火金属接触位点，使 GaAs 薄膜太阳能电池的效率提升至 26.1%。目前，日本 Sharp 公司研发的倒装型三结 GaAs 薄膜太阳能电池的效率已达到了 37.9%[22]，远超其他电池。但由于砷化镓原料成本高，且砷是剧毒物质，会对生态环境造成比较严重的污染，这在很大程度上限制了砷化镓太阳能电池的大规模应用。

3. 第三代太阳能电池

由于硅基太阳能电池以及薄膜太阳能电池材料的高成本、制备工艺复杂等问题短期内很难解决，研究人员试图找到新的材料来推进太阳能电池产业化进程，于是第三代新型太阳能电池进入人们的视野。新型太阳能电池的主要特点是薄膜化、理论转化效率高、原料丰富、无毒性等。1991 年，Gratzel 开发出光电转换效率为 7.1% 的染料敏化太阳能电池，开创了第三代太阳能技术的新时代[23]。第三代太阳能电池主要包括染料敏化太阳能电池、有机聚合物太阳能电池、钙钛矿太阳能电池。

染料敏化太阳能电池是指以有机染料敏化过的半导体薄膜作为光阳极的光电转换电池，与植物利用叶绿素进行光合作用原理相似，把太阳照射的能量转为电能，具体的电池结构如图 2 – 12 所示[24]。目前，染料敏化太阳能电池的光电转换效率可以稳定在 10% 以上，且最高转换效率可以达到 13.1% 以上。染料敏化太阳能电池的制造成本低，大面积的电池组件可以提供相对较高的工作压力和工作电流，为用电装置结提供驱动电力，具有很强的竞争力。

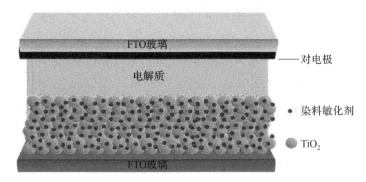

图 2-12　染料敏化太阳能电池的结构

2015 年，德国贝莱瑞克光伏公司与建筑公司合作，在斯亚贝巴非洲联盟安全部安装了由 445 块透明的有机聚合物太阳能模块组成的有机光伏建筑一体化阵列，如图 2-13 所示，可为整幢建筑的发光三极管系统提供电力支持。目前，虽然有机聚合物太阳能电池的核心部分采用具有光敏性质的有机材料，其具有弯曲柔性好、制备工艺简单、材料来源广泛、成本低等优点，但在光电转换效率和电池寿命方面，与硅基太阳能电池相比仍有较大差距。

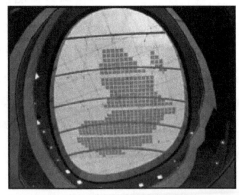

图 2-13　安全部屋顶的有机光伏建筑一体化阵列[25]

第 2 章　军用电能源实用知识概览

2013 年，Science 杂志将钙钛矿太阳能电池列为 2013 年度世界十大科技进展之一，正式开启了钙钛矿太阳能电池发展的时代。钙钛矿呈 ABX_3 结构，A、B、X 分别代表有机阳离子、金属离子和卤素基团。如图 2-14 所示，在钙钛矿结构中，B 原子位于立方晶胞体心处，卤素 X 原子位于立方体面心，而有机阳离子 A 则位于立方体顶点位置[26]。钙钛矿的特殊结构，使其具有独特的电磁性能、异构化结构、吸光性、电催化活性等，而且价格低廉，制备工艺简单、消光系数高，因此钙钛矿具有良好的应用前景。钙钛矿太阳能电池的研究始于 2009 年，Kojima 等[27]在染料敏化太阳能干电池中引入了钙钛矿化合物，其基于液态电解质的钙钛矿 $CH_3NH_3PbBr_3$ 和 $CH_3NH_3PbI_3$，设计了两种敏化太阳能电池，光电转换效率分别达到 3.1% 和 3.8%。2011 年，Park 等[28]优化了 $CH_3NH_3PbI_3$ 纳米晶粒大小，使效率提升到了 6.5%。2012 年，Kim[29]将一种用于固态染料敏化电池的有机空穴传输材料 Spiro-OMeTAD 引入钙钛矿太阳能电池中，制备的电池效率高达 9.7%，并大大提高了钙钛矿太阳能电池的稳定性。2013 年，Liu 等[30]采用两步序列沉积法制备出了效率高达 15% 的钙钛矿薄膜。2014 年，Yang 等[31]通过掺杂优化 TiO_2 层，将转换效率提高到 19.3% 的新高度。最近，在美国材料科学研究学会（MRS）国际会议上，斯坦福大学 Michael[32]报道了他们通过在硅基底上生长钙钛矿，得到了效率高达 23.6% 的器件，直逼第一代单晶硅太阳能电池的最高光电转换效率。目前，钙钛矿太阳能电池因成本低、转换效率高，已成为最具潜力的材料体系。然而，钙钛矿电池最大的劣势是材料不稳定，钙钛矿电池中的有机阳离子易挥发，从而导致钙钛矿分解，其稳定性问题仍然制约着商业化的发展。

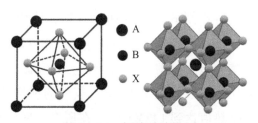

图 2-14　钙钛矿结构图

太阳能电池是清洁能源技术的代表，已经广泛应用到通信、交通、无人区、气象等日常生活的各个领域。此外，太阳能电池在复杂的军事场景中也有应用。随着研究的不断深入，从第一代硅基太阳电池到第三代钙钛矿太阳能电池性能不断提升，但成本、稳定性、转换效率瓶颈等问题仍然十分突出。目前市场上主流的太阳能电池仍然是硅基太阳能电池，因此需要科研工作者开展更为深入的研究，主要在降低成本、提高转化效率、提高材料稳定性等方面继续努力。同时还需要突破现有材料体系和结构，寻找新材料。

2.2 氢能是否安全？

近年来，随着国内外氢能技术应用的推广加速，包括氢运输车、加氢站和储氢站以及车载储氢瓶在内的氢流通环节的泄漏爆炸事件时有报道，造成了人民生命财产损失，加深了人们对氢能安全性的疑虑，甚至谈"氢"色变，在一定程度上影响了氢能在军民领域的发展。加之氢气本身在人们的印象中就是易燃易爆的危险气体，那么氢能的使用到底能否保障安全呢？我们在本小节对氢能及其安全性进行简要分析。

2.2.1 氢能概述

氢的原子序数为1，排在元素周期表首位，是重量最轻的元素。氢也是自然界存在的最丰富的元素，据估计氢元素占整个宇宙质量的75%。氢元素主要的存在形式是氢气和化合物，例如水和碳氢化合物。氢在常温常压下为气态，密度仅为0.0899g/L；在-252.76°C常压下是液态；在超低温下增大压力，则可变为固态。氢气在所有气体中导热性最好，其导热系数比多数气体高出10倍。氢气的燃烧性能好、燃点高、燃烧速度快，其燃烧热值达到142MJ/kg，在所有燃料中最高，为汽油的3倍，乙醇的3.9倍，焦炭的4.5倍。氢气燃烧的产物只有水，是世界上最干净的能源之一。

氢气的主要生产方式包括煤或天然气制氢、工业副产氢、电解水产氢、光催化产氢、金属催化反应产氢、有机物热解重整产氢等多种方式。

氢气的存储和运输主要包括低温液态储氢、高压气体储氢、有机液体储氢、金属固态储氢等方式。低温液态储氢是在超低温、超高压条件下将氢气液化后存储到绝热真空容器中，其优点是储氢体积小、能量密度高，缺点是能量代价大，且对储氢容器要求高，因此成本也高。高压气体储氢是将氢气在高压下（大约 150～700 个大气压）压缩后存储于高压气瓶中，目前常见的高压气瓶多采用碳纤维和铝基复合材料等轻质高强度材料制造。高压气体储氢是最普通和直接的储氢方式，方便氢气的存储与运输，也方便通过减压阀调节直接释放氢气，但存在储氢质量密度低、气瓶受到撞击后氢气易泄漏导致安全风险较大等问题。有机液体储氢是通过催化剂将氢气与有机液体的化合物分子进行加氢反应，形成稳定的化合物，实现常温常压下液态形式的氢储存和运输，然后根据需要，在催化剂和一定温度下进行脱氢反应，释放氢气。有机液态储氢具有更高的储氢质量密度，可使用储罐、槽车、管道、加油站等现有基础设施，其安全性和便利性相比低温液氢和高压气氢更优，因此特别适合大规模长距离长周期的氢储存运输。金属固态储氢是通过储氢合金与氢气在低温和催化条件下发生化学反应，将氢气在合金表面分解为氢原子，氢原子扩散进入到晶格内部空隙中，形成金属氢化物。通过加热，储氢合金就可以释放氢气。金属固态储氢具有储氢体积密度高、工作压力低、安全性好等优势，但是成本较高，储氢质量密度较低，循环寿命有限，不太适合大规模移动应用场景。

氢能的利用方式主要包括氢发动机和氢燃料电池。氢发动机是在技术成熟的内燃机基础上，做适当的改造和优化，以适应氢燃烧的特点，直接通过燃烧将热能转化为机械能做功，输出机械动力，其优势主要在于低成本、易维护以及长寿命高功率。氢燃料电池则是通过电化学反应，将氢与氧在催化剂作用下结合成水，实现将氢氧分子的化学能直接转化为电能输出，具有更高的能量转换效率，并且不产生噪声和环境污染，是行业公认更具前景的主流氢能利用方式。

2.2.2 氢能的安全隐患

氢气泄漏是氢能应用过程中最大的安全隐患。氢气易燃易爆易扩散，泄漏后与空气混合，遇到明火、静电容易发生燃烧甚至爆炸等安全事故。

储氢容器发生材料氢脆和操作失误是氢气泄漏等安全事故的常见诱因。高压储氢容器属于压力容器，某些储氢材料长期在氢环境下工作，会出现氢原子扩散渗透导致氢脆等性能劣化的现象，进而致使压力容器破裂、氢气泄漏。如果在使用过程中没有严格按照标准和规范进行操作，其他气体特别是空气混入后，容易产生化学反应甚至发生爆炸等安全事故。

近年来，随着国内外氢能技术的加速推广应用，加氢站和储氢站爆炸事件时有报道，氢气本身也属于危化品和易燃易爆气体范畴，因此氢能应用的安全性能否得到保障，成为大众关注的焦点。

中国科学院大连化学物理研究所的衣宝廉院士曾表示，人们已经习惯于将汽油、柴油作为燃料，对氢气这种燃料缺乏了解，如果采取必要的措施，氢气的安全是可以保障的。鉴于大量的试验和燃料电池整车的实际运行，氢燃料电池汽车的碰撞安全性能也是完全有保证的，能够满足和符合国家碰撞安全标准。

虽然氢气的物理化学性质决定了其危化品属性，而且有些特性相比汽油、柴油和天然气等化石燃料的危险性更大，例如点燃氢气所需的能量很小，燃烧爆炸的浓度范围更宽等，但也并不是在所有场景下氢气都更加危险。由于氢气比较轻，扩散快，是天然气扩散速率的6倍，因此在开放环境中，氢气一旦发生泄漏很容易向上逃逸，并向周围扩散，从而浓度得到稀释，降低了起火和爆炸风险。所以在这样的场景下，氢气比天然气和汽油反而更加安全。

锂电池的安全隐患来自内部热失控。造成热失控的内外部原因有很多，难以从根本上杜绝，而且电池一旦起火往往难以扑灭。氢气只有泄漏才有可能着火，其安全隐患更多来自储氢方式，氢燃料电池本身的安全性相比锂电池更容易管控。例如，中国地质大学和上海石油化工研究院最新研发的有机液体储氢技术，实现了常温常压下液态形式的氢气储存、运输和使用，并且只有在催化剂作用和一定温度条件下才能储存和释放氢气。为方便描述，储存了氢气的有机液体简称"氢油"，释放了氢气的有机液体简称"储油"。不论是氢油还是储油，都具有较高的化学稳定性，即使用打火机也点不着，因此具有非常好的安全性。

原位制氢也是一种安全性较好的氢能应用方式。通过铝粉、镁粉等活泼金属微纳米颗粒及其化合物材料与水发生反应制氢，供给氢燃料电池发电，实现流量可控的现场原位制氢，相比于高压气体储氢而言，也具有更好的安全性和更高的储氢质量密度。该类型的氢燃料电池动力系统已经在水下无人装备中得到验证和应用，能够提供更加安全的能源动力和更长远的续航能力。

此外，我国已出台《加氢站安全技术规范》和《氢气使用安全技术规程》等规范标准，从行业标准规范方面保障氢能应用的安全性。

综上所述，虽然氢气的物理化学性质决定了其危化品属性，但是通过技术创新、行业标准和操作规范等方面共同努力，完全可以保障氢能使用的安全性。

2.2.3 氢能的应用

氢能的主要利用途径是交换膜氢燃料电池（PEMFC）。氢燃料电池具有低噪声、高热值，燃烧后产物是水，不对环境造成污染等优点，因此氢燃料电池在军用电能源方面的应用得到研究者们的青睐。德国212A型潜艇是全球首款采用质子PEMFCAIP系统的潜艇。当仅依靠燃料电池航行时，其潜航航速可达8kn。在4.5kn潜航航速下，该电池系统续航力达2315km，潜航时间为278h。此外，该系统还可提供11kW的生活用电，相比于以铅酸蓄电池为动力的209型潜艇的水下续航能力提高了4.4倍[33]。

与锂电池相比，氢动力无人机具有能量密度高、飞行时间长、耐低温、寿命长等明显优势。2003年，美国Vironment公司开发了"大黄蜂"无人机，该无人机首次使用PEMFC，开启了氢能无人机时代[34]。2013年，美国研制了一款"离子虎"无人机，该无人机使用液氢作为能源，可连续飞行48h。尽管该无人机飞行时间长，但其成本也十分昂贵，且对储氢罐体积要求也会更大，与无人机小巧轻便的设计初衷相违背[35]。2022年1月，我国首创的氢动力无人机"青欧30"采用装机换气燃料电池动力系统，最大起飞重量达30kg。该无人机飞行巡航速度为18~25m/s，巡航时间可达9h，续航里程可达800km。相比同等功率等级的锂电池无人机，它的续航能力提高了约3~4倍，是国内续航时间最长的垂直起降固定翼无人机[36]。近年来兴起的固态储氢技术给氢燃料电池的应用带来了新曙光，也为新型氢燃料电池无人机的发展提供了新思路。

氢动力汽车也表现出比电池动力汽车更好的续航能力。2016年，美国通用汽车与美国陆军合作开发了一款名为"科罗拉多ZH2"的氢燃料电池车。这款车在运行中几乎没有噪声，且其红外热信号特征微弱、越野性能出色，在作战中展现出巨大的优势。"科罗拉多ZH2"在停泊的状态下还可以为其他设备供电，输出功率高达25kW，并每小时以水蒸气形式排放7.57L（2加仑）的可用水资源[37]。

氢燃料电池在单兵电源方面也可有效减轻士兵负荷，美军研发了一款以氢化铝（AlH_3）化合物为储氢材料的单兵可穿戴电源。该电源常温下不与水和空气发生化学反应，表现出极高的稳定性，并且在挤压、过放电和受到枪击等破坏性条件下也非常安全[38]。

在无人潜航器（UUV）领域，氢燃料电池可有效提高UUV的续航能力，满足海军长期情报监控、侦察或作战的需求。General Atomics和Infinity公司联合研制了用于大直径无人潜航器（LDUUV）的5kW质子交换膜燃料电池推进系统，现已完成40h不间断测试。Sierra Lobo公司针对长航时无人潜航器（LEUUV），研发的氢燃料电池输出功率为10kW，续航时间达85h[39]。

氢燃料电池正在成为军用电源领域的"明日之星",将在未来战场发挥重要作用。不过也应看到,氢燃料电池自身也存在缺陷,如其催化剂主要为贵金属铂、金,成本高昂,制氢能耗较高且氢能基础设施配套不完善等,这些问题也制约着该产业发展,因此氢燃料电池要想大规模替换内燃机仍需时日。

2.3 储能电池的能量密度极限

目前的储能技术可大致分为机械储能、电磁储能和电化学储能等。其中,以锂离子电池、锂硫电池、锂空气电池、钠离子电池等为代表的电化学储能应用最为广泛,也是全球储能技术的研究重点。近年来,超级电容器凭借更轻、充电更快、更安全的优点也得到了快速发展,成为越来越流行的一种储能体系。本节将选取电池、传统电容器与超级电容器,介绍其储能原理并分析它们的能量密度极限。

自 20 世纪 70 年代问世以来,锂离子电池一直在能量存储领域扮演重要的角色,并在电子器件、电动汽车等方面实现了成功应用。在人工智能与信息技术快速发展的时代,储能市场快速膨胀,这也对锂离子电池的能量密度提出了更高要求。

通常来说,锂离子电池包含正极材料、负极材料与含锂离子的电解质,正负极之间由绝缘隔膜隔开。锂离子电池是"摇椅式电池",在充放电循环中,锂离子在正负极之间穿梭,通过在正负极上的电化学反应释放储存的化学能,而系由电化学反应引起的总吉布斯自由能变与电极材料的选择有关。例如,对于传统的石墨负极来说,锂离子会插层进入层间,伴随反应 $Li^+ + e^- + C_6 \rightarrow LiC_6$,其理论容量为 $372mA \cdot h/g$,现已匹配多种正极材料实现商业应用。目前,石墨负极与钴酸锂($LiCoO_2$)或三元材料(Ni、Mn、Co,NCM)作为正极的商用锂电池能量密度可以达到 $260W \cdot h/kg$,而石墨负极匹配磷酸铁锂的商用锂电池可达 $180W \cdot h/kg$,这已基本接近材料体系的能量密度极限。

根据《中国制造2025》中提出的动力电池发展规划,到2025年,电池能量密度需要达到400W·h/kg。为实现这一目标,需要在现有材料体系乃至电池结构上进行新的尝试与突破。锂硫电池因高达2600W·h/kg的理论能量密度而被认为是高能二次电池中极具竞争力的体系之一。目前,世界各电池公司开发的新款锂硫电池能量密度可突破400W·h/kg,对于处在实验室阶段的锂硫电池模型能量密度可达到500W·h/kg甚至更高,远超锂离子电池。锂空气电池以锂金属作为负极材料,以氧气作为正极反应物,其理论能量密度为3500W·h/kg,实际能量密度可达500~1000W·h/kg。开发更高性能锂空气电池,对于实现长距离电动汽车运行至关重要。此外,随着环保理念的逐渐深入,氢能储能备受关注。氢燃料电池的理论能量密度上限在20000W·h/kg,这是其优于锂电池的最大优势。不过由于氢燃料电池的相关技术及市场仍不成熟,目前它的实际能量密度在800W·h/kg左右,且安全性有待提升,仍处于发展的起步阶段。

虽然电池和电容器都可以存储和释放电能,但它们有几个关键的区别。从储能原理的角度来讲,电池以化学能形式存储其势能,而电容器是通过将异性电荷存储在正、负极板上的静电型能量存储方式来存储电能。电容器的这种储能原理使其避免了充放电时缓慢的氧化还原反应过程,因此具有远高于电池的充放电速度,能够满足高功率设备的快速充放电需要。但传统电容器能够储存的电量少,能量密度一般只有不到0.1W·h/kg,很难满足实际生活的需求。在这种情况下,将电池高能量密度与传统电容器高功率密度的优点集于一身的超级电容器在近年来受到了科学界的极大关注。不同储能体系的能量密度与功率密度汇总在图2-15中[40]。

超级电容器主要由电极、电解质、隔膜和壳体组成,多个电容器单体组成超级电容器组。按照储能机理,超级电容器可分为双电层电容器、赝电容器与混合型超级电容器三种,它们的结构示意与储能机理如图2-16所示[40]。其中,双电层电容器是最简单也是最早实现商业化的超级电容器。双电层电容器用固-液界面上的双电层替代了传统电

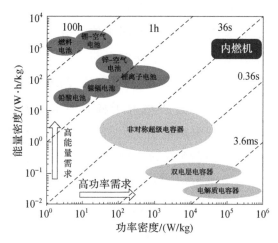

图 2-15 不同储能体系能量密度与功率密度比较图

容器中的电极板，但其从本质上说仍然是一种静电型能量存储方式的电容器，通过电极和电解质界面间的电荷分离、迁移来存储能量，不涉及法拉第过程。电容器的能量密度与电极材料的设计与构建密切相关，目前在双电层电容器中应用最为广泛的是碳基电极，如碳纳米管、活性炭与石墨烯等，它们具有巨大的比表面积且化学性质稳定，因而能够在固-液界面上储存更多的电荷量，使其具有更高的能量密度。但由于双电层仅存在于电极材料表面，因此电极材料的性能往往不能得到充分发挥，其比电容仍然较低，根据能量密度公式 $E = 1/2CV^2$ 可知，双电层电容器的能量密度极限值也受到限制。

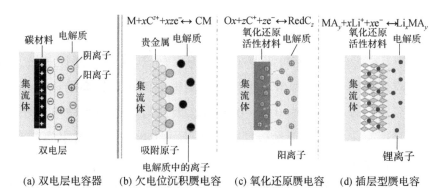

图 2-16 双电层电容器与赝电容器储能原理示意图

1971年，一种被称为赝电容器的新型电化学电容器出现，之所以称其为"赝"电容，正是由于其本质不同于传统电容器，它是通过发生在电极表面的法拉第氧化还原反应来存储电荷。充电时，电解质中的部分离子会穿透双电层与活性材料发生氧化还原反应来实现电荷转移；放电时，再通过上述反应的逆过程将离子释放回电解液，同时将电极中存储的电荷释放，通过外电路的负载对外做功，其能量密度范围在 $1 \sim 20 \mathrm{W \cdot h/kg}$。根据反应过程的不同，赝电容器可以分为氧化还原赝电容、插层型赝电容与欠电位沉积赝电容。

氧化还原赝电容的反应机理可以由下式表示：

$$Ox + zC^+ + ze^- \longleftrightarrow Red\ Cz$$

其中：Ox 为赝电容氧化物；Red 为赝电容氧化物的还原态；C 为电解质中的阳离子；z 为电子转移数量。该氧化还原赝电容的最高比电容可达到 $5000\mathrm{F/cm^3}$，远远大于双电层电容。

插层式电容器的反应式可以表示为

$$MA_y + xLi^+ + xe^- \longleftrightarrow Li_xMA_y$$

其中：MA_y 是层状晶格插层主体材料（如 Nb_2O_5）；x 为转移电子数，在嵌入/脱出过程中通过金属价态的变化来保持材料的电中性。

欠电位沉积是指在达到电解质中离子氧化还原电位的条件下，离子在二维电极/电解质界面发生电沉积反应。常见的欠电位沉积一般是氢原子（H）或钯原子（Pd）在贵金属电极（Pt 或 Au）表面的沉积，用公式可以表示为

$$M + xC^+ + xze^- \longleftrightarrow CM$$

其中：C 为电极表面吸附原子；M 为贵金属；x 是吸附原子数，故 xz 为反应转移电子数。尽管欠电位沉积赝电容可达到较高的比电容值，但其电压窗口较窄（仅为 $0.3 \sim 0.6\mathrm{V}$）。因此与其他种类赝电容相比，其能量密度有限。且由于贵金属价格昂贵，欠电位沉积赝电容较少应用于能量存储中。

为了弥补电池的低功率密度与电容型超级电容器的低能量密度，将两者相结合，研究人员研制出了混合型超级电容器。如图 2-17 所

示，混合型超级电容器以电容型电极作为功率来源，以电池型电极作为能量来源。其阴阳极遵从不同的储能机理，使其兼具高功率密度与高能量密度的优势。以锂离子电容器为例，它具有高于双电层电容器的能量密度与高于锂离子电池的功率密度的特性，通过物理吸附/脱离与法拉第反应共同储能。近年来，由于成本低、储量丰富且机理相似，钠离子电容器成为一种新兴的储能技术[41]。

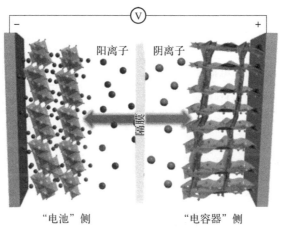

图 2-17 混合型超级电容器储能原理示意图

2.4 核能与电能源

2.4.1 核能的优势

电化学储能电池、光伏电池、燃料电池等电能源器件，均是利用原子核最外层电子实现能量转换和存储。核能利用原子核内作用，能量密度极高，1kg 核燃料铀 235 所产生的能量大约等于 4000000kg 标准煤完全燃烧时所产生的能量，表 2-2 列举了各种能源的能量密度[42]。

表 2-2　核能与其他常见能源的能量密度对比

能量转换与存储形式	质量能量密度/（MJ/kg）
氢核聚变（太阳的能量来源）	645000000
核裂变（100% 铀 235，用于核武器）	88250000
浓缩铀（3.5% 铀 235，用于核能发电）	3456000
汽油	43.1
天然气	41.9
标准煤	20.8
锂离子电池	0.46~0.72
干木材	0.13

2.4.2　核裂变与核聚变

卢瑟福、居里夫人等科学家引领我们知道了世界是由原子构成的，原子由原子核与核外电子构成，而原子核则由更小的质子和中子构成。核反应就是原子核之间的反应，即原子核之间产生中子、质子的交换重组反应。由爱因斯坦的质能方程 $E=mC^2$ 可知，核反应中产生的质量亏损可转换为巨大的能量，这就是核能。核反应可分为核裂变反应与核聚变反应。

核裂变又称核分裂，是一个原子核分裂成几个原子核的反应。一些质量大、不稳定的原子核如铀、钚、钍等，通过吸收一个中子，不断分裂为多个质量较小的原子核，同时释放出 2~3 个中子和巨大能量，又引发其他原子核发生核裂变。这一过程也称为链式反应，会不断持续直至核原料耗尽。如何中断链式反应是可控核裂变技术的关键。世界上第一颗原子弹"瘦子"，以及投入战争的"胖子"和"小男孩"原子弹均采用核裂变技术。经过多年的发展，核裂变技术已相对成熟，现有的核发电站也采取该种技术。但是核裂变反应燃料消耗大、反应辐射高等问题也大大限制了其应用，主要应用在核武器、核电站、核

第 2 章　军用电能源实用知识概览

潜艇、核航母等超大功率设备中。

核聚变反应则与裂变反应相反，由两个质量较轻的原子核结合成一个质量较重的原子核，在此过程中失去一些质量换来巨大的能量释放。核聚变反应主要是以氢的同位素氘为原料，形成更高原子量的氦-4、质子和中子，并有部分带辐射的氚中间产物生成。核聚变反应相较于裂变反应，原料来源丰富、蕴藏量巨大，且释放能量是铀裂变的数倍，更具有开发前景。核聚变与核裂变反应特性见表2-3。但是，可控核聚变反应要求持续的高温环境（10^9℃），并需要对高温等离子体进行强力的约束，可控核聚变核能的实用化还需要长期探索。

表 2-3　裂变反应与聚变反应特性对比

核反应方式	反应来源	燃料来源及储量	燃料制备	反应放射性	能量密度
核裂变	铀、钚同位素等核素	地壳中约有9100万吨铀-235	铀矿提取	反应全程均会产生放射性	200MeV/mol
核聚变	氢、氦同位素	海洋中存在约60万亿吨氘	海水提取	有放射性中间产物的氚形成	7.17MeV/mol

随着研究者们对可控核聚变研究的不懈努力，取得许多突破性的成绩。2022年10月由中核集团核工业西南物理研究院自主设计、建造的中国新一代"人造太阳"装置（HL-2M）等离子体电流突破100万安培（1MA），创造了我国可控核聚变实验装置运行新纪录[43]。同年12月，美国劳伦斯利弗莫尔国家实验室（LLNL）首次在可控核聚变实验中实现了核聚变反应"净能量增益"，输出能量3.15MJ，能量增率150%，首次证实了惯性核聚变能（IFE）的基本科学原理和可行性[44]。2023年4月，我国托卡马克核聚变实验装置（EAST），成功实现稳态高约束模式等离子体运行403s，创造了托卡马克装置稳态高约束模式运行新的世界纪录[45]。据相关报道，2015年波音公司推出了一项独特的专利，暗示未来的飞机将利用迷你型核聚变装置作动力。该专利中的发动机采用核聚变激光技术，通过高能激光将推进器里的核材料蒸发，进而引发核聚变反应。这些小型爆炸释放出的高能中子将推

进航空器前进,多余的热量则用于推动涡轮,为激光系统充电。可以说,这种发动机除了动力强劲外,还兼具自给自足。如果未来真的能将这项技术实际运用,那么对于整个航空领域来说无疑又是一大进步[46]。美国洛克希德·马丁公司的"臭鼬工厂"项目正在推动微型核聚变反应堆研发,将这种反应堆安装到卡车、飞机和船只上,可以提供无限的动力和电力。这意味着,美国将拥有一种全新的超级武器。2018年,该公司申请了一项叫做"等离子体限制系统"的专利,其小型化反应堆小到足以安装在F-16"猎鹰"战斗机身内,能够管理比太阳中心高10倍的内部温度。根据其数十年研发实践看,核聚变发动机仍面临科学、技术和工程的诸多挑战,距离其应用仍有很长的路要走[47]。

核能在未来能源市场中占据重要位置,因独特的优势,可控核聚变将有望彻底解决人类能源问题。我国托卡马克核聚变实验装置,为可控核聚变的商用化奠定了基础。在科研工作者的努力下,可控核聚变的实用化将在不远的未来实现。

2.4.3 核能-电能应用

不管是核裂变还是核聚变反应,都会释放巨大的热能和大量的高能辐射粒子。电能是现代社会应用最广泛的能量形式。因此,如何将核能高效地转变为电能,是核能技术发展的重要方向。针对核反应产生的热量和高能辐射,围绕热-电转换、辐射-电转换等能量转换机制,发展出了汽轮机组发电技术、塞贝克热电转换技术、热光伏转换技术、辐-伏转换技术等,其技术指标见表2-4。

表2-4 典型核能发电技术指标

核-电转换方式	能量转化过程	转换效率	输出功率/功率密度
汽轮机组发电	核能—热能—机械能—电能	可达85%	kW～数十MW
塞贝克热电效应	核能—热能—电能	8%	$266W/m^3$
热光伏效应	核能—热能—辐射能—电能	40%(2400K)	$240kW/m^3$

核反应-汽轮机组发电是最常用的核能发电技术。通过核反应堆内的可控链式裂变反应,燃烧 ^{235}U、^{239}Pu 等易裂变核燃料产生大量热能;由蒸汽发生器吸收核反应堆内产生的热能产生蒸汽,蒸汽推动汽轮机做功,实现热能向机械能的转化;再由汽轮机带动发电机旋转,最终实现向电能的转化。虽然该过程包括了多次能量转换,但是其能量转换效率仍可达 85%。该技术较适合大规模、集中式发电,且需要厚重的辐射防护装置。但由于该技术为机械发电的模式,会产生巨大的噪声,应用于海军舰艇会严重影响其隐蔽性。

塞贝克热电技术利用半导体在温度差条件下形成电压差驱动电子定向流动产生电能,是一种热-电直接转换技术。塞贝克热电技术的能量转换效率与热电材料的塞贝克系数(温差产生电动势的能力)、电导率和热导率密切相关。由于这三个参数之间本征逆相关,导致塞贝克热电技术理论上难以实现很高的能量转换效率。已报道的最高转换效率仅为 8%。此外,由于热的体积传递性质,导致塞贝克热电技术的能量转换效率与功率密度也存在相互制约的本质矛盾,目前最大体积功率密度仅为 $266W/m^3$。

核反应热能的转换还可以通过热光伏效应进行转换。通过光电转换效应,将发热体的黑体热辐射能量转化为电能。该技术在高温段转换效率极高,已达到 40%(2400K),功率密度也达 $240kW/m^3$,远超塞贝克热电技术。该项技术目前尚处在探索阶段,还有能量转换核心器件结构复杂、成本极高、热辐射发射器的热稳定性不足导致难以长时间在高温下工作、大面积组件高密度集成等技术问题有待攻克。此外,目前尚未形成针对热光伏技术的标准化表征测试体系。

核反应中的高能粒子(射线)也可以通过直接辐射光伏技术、闪烁晶体-光伏技术等途径将粒子能量转换为电能,但是由于高能粒子的破坏性和穿透性等特点,其能量转换效率和服役寿命均较为受限。

2.4.4 总结与展望

核能在能量密度、功率密度等方面具有无可比拟的优势,是未来能源发展最重要的方向之一。裂变技术在核能发电上已基本成熟，模块化、小型化技术则是未来努力的重要方向。聚变技术在近期取得重要进展，但距离投入实际应用预计还有相当长的发展阶段。核能－电能转换方式的创新，可为核能技术的应用拓展新方向，开辟小型核能发电系统技术新途径。如果解决了核能的小型化应用问题，增强了核反应控制的稳定性，必将推动武器装备的一次巨大变革。

2.5 人工智能与电能源

2.5.1 什么是人工智能

人工智能研究致力于使计算机能够模拟人类的某些思维和智能行为，如学习、推理、思考、规划等。其目标是实现计算机的智能化，使其能够执行更复杂的任务。人工智能学科主要关注以下几个方面：计算机智能的实现原理、开发类似于人脑智能的计算机、知识表示和获取，以及使计算机能够完成以往只有人类才能完成的智能任务。美国斯坦福大学人工智能研究中心尼尔逊教授认为，人工智能是关于知识表示和获取以及如何使用知识的科学；而麻省理工学院的温斯顿教授则认为，人工智能就是研究如何使计算机去做过去只有人类才能完成的智能工作。这些观点都反映了人工智能学科的基本思想和内容，即研究人类智能活动的规律，构造具有一定智能的人工系统，以及研究如何应用计算机的软硬件来模拟人类某些智能行为的基本理论、方法和技术。

目前，人工智能军事应用的先行者优势已经受到一些国家政府、智库和学者们的关注。相关讨论较为普遍、笼统地认为，人工智能在军事应用上的先行者优势显著且重要。作战平台的人工智能技术还可以应用于更多的武器装备系统，如坦克、武装直升机等，通过智能化、自主化的方式提高作战效率和精度，降低对人力资源的需求和危险程度。人工智能技术在网络安全方面的应用还可以进一步扩展到网络攻防的自主化、智能化，通过大数据分析、机器学习等技术，快速识别和应对网络威胁，保障军用网络的稳定和安全。人工智能技术可以应用于后勤与运输的更多方面，如智能化物资管理、运输路径规划、自主驾驶运输车辆等，从而提高后勤保障效率和可靠性，减少物资和人员损失。人工智能技术在目标识别领域的应用还可以扩展到目标跟踪、预测等方面，通过多传感器数据融合、机器学习等技术，提高目标识别的精度和可靠性，更好地支持作战决策。在战场医疗救护方面，人工智能技术可以应用于更多的领域，如远程医疗、医疗资源调度等，通过机器学习、自主机器人等技术，提高战场救护的效率和准确性，最大程度地挽救伤员的生命。在战斗模拟与训练方面，人工智能技术可以扩展到更多的应用场景，如虚拟现实、增强现实等，通过智能化的模拟训练，提高士兵的应变能力和作战能力，使其在真实战场上更加游刃有余。在威胁监视和态势感知方面，人工智能技术可以应用于更多的情景下，如地面监视、空中侦察等，通过智能化的传感器和算法，提高威胁判断的准确性和及时性，更好地支持作战决策。人工智能技术在数据处理方面的应用还可以扩展到更多的领域，如作战决策、情报分析等，通过智能化的数据处理和分析，提高决策的准确性和效率，使作战行动更加精准、高效。

2.5.2 人工智能在电能源领域的应用

锂离子电池作为化学电池，其性能受主反应和副反应共同作用。然而，锂离子电池的生产工艺十分复杂，从原材料生产到电池投入运行有成千上万道工序，这些工序不仅可能引入不同类型和比例的杂质，而且操作空间的物理环境也会影响各个化学反应的效果。因此从电池生产的第一道工序开始，各个工序都会对电池的最终性能产生或多或少的影响。在传统生产过程中，受生产管理水平和工具的限制，各个生产环节仅仅关注少量的关键指标来评价产品质量的好坏,而不关注工序之间的相互影响,这严重影响了前后段工序对质量的控制决策,最终降低锂离子电池的性能。

锂离子电池投入运行后,复杂的工况环境仍然会持续影响主副反应的进行,导致电池的性能随时间而衰减。因此需要对其性能表现进行精准跟踪和预测,一旦判断达到临界点,则需要进行维护,保障负载设备的稳定运行。常规的预测方法依靠建立简化的电池机理模型,通过模型参数识别计算,实现对目标参数的估计。由于考虑到全部化学反应过程的电池机理模型十分复杂,这种常规方法无法适应全部的工况条件,并对电池性能做出准确评估。而被淘汰的锂离子电池将会被回收,或者进行梯级利用,当前段的性能评估不准确时,也会影响锂离子电池残值的评估。

可以看到,锂离子电池从生产、运行到回收的全生命周期对过程控制精确性、工况状态评估精确性、残值评估精确性提出了较高的要求,但是全生命周期的各个阶段相互关联,逐级影响,传统管理方法和手段已经不能满足要求。随着大数据技术的发展,利用大数据方法基于全生命周期各个工艺环节和运行的数据进行精准建模,对各种目标参数进行精确计算,从而提升产品质量,优化工艺流程,保障生产安全,使得锂离子电池实现全生命周期的管理成为可能。探索大数据技术在电池全生命周期内的各种应用方式,为大数据技术在电池行业内的快速普及提供了多种思路和方法,并通过多个实例证实了其可行性,表 2-5 对各类应用进行了总结。

表 2-5 大数据技术在电池全生命周期中的应用总结

阶段	应用场景	相关大数据技术
材料制造阶段	智能软测量	回归分析
	产品质量评级	分类分析
	化工设备故障诊断	离群值分析

续表

阶段	应用场景	相关大数据技术
电池制造阶段	质量异常根因分析	特征提取
	免分容工艺	回归分析
	精准配组	聚类分析
运行服役阶段	寿命预测	回归分析
	剩余容量预测	回归分析
	不一致性评估	聚类分析
	故障预测	离群值分析
回收阶段	残值评估	聚类分析
	产品溯源	关联分析/区块链

总的来讲，锂离子电池在材料制备、电芯及电池组制造、服役运行、回收利用全生命周期内，都需要依赖模型进行准确的过程控制。由于锂离子电池的化学属性，主副反应复杂，机理模型和统计模型无法对目标参数进行准确计算，甚至无法得到计算结果。数据驱动的模型通过合理运用回归、分类、聚类、离群值识别、特征提取等方法，建立过程可测参数与目标待测参数之间的泛函关系，实现电池全生命周期过程中各类未知参量的精确求解、各种粗放过程的精准管控。

参考文献

[1] 马二龙. 屋顶分布式光伏发电项目坠落防护的探讨与实践[J]. 太阳能, 2023, 348(04): 66-70.

[2] 石春辉. 太阳能汽车距离上路还有多远[J]. 数据, 2022, 339(11): 22-24.

[3] 赵炜, 赵钱, 黄江流, 等. 临近空间太阳能无人机在现代战争中的应用[J]. 空天防御, 2020, 3(02): 85-90.

[4] 尹英杰. 美军"能源革命"前景难测[N/OL]. 青年参考, (2017-11-08)[2023-03-25].

http://qnck.cyol.com/html/2017-11/08/nw.D110000qnck_20171108_1-10.htm.

[5] Zhang R J, Qin S C, Meng L, et al. High performance tandem organic solar cells via a strongly infrared-absorbing narrow bandgap acceptor[J]. Nature Communications,2021,12(1):1-10.

[6] 李倩. 电化学沉积法制备 CdTe/CdS 薄膜太阳能电池及性能研究[D]. 长春:吉林大学,2014.

[7] 美国国家可再生能源实验室(NREL). Best research-cell efficiency chart[EB/OL]. [2023-03-25]. https://www.nrel.gov/pv/cell-efficiency.html.

[8] Zhao J, Wang A, Campbell P, et al. 22.7% efficient perl silicon solar cell module with a textured front surface[C], Conference Record of the Twenty Sixth IEEE Photovoltaic Specialists Conference-1997. Anaheim:IEEE,1997:1133-1136.

[9] Slade A, Garboushian V. 27.6% efficient silicon concentrator solar cells for mass production[C]. 15th International Photovoltaic Science and Engineering Conference, Shanghai, 2005:701-702.

[10] Sheng J, Wang W, Yuan S Z, et al. Development of a large area n-type pert cell with high efficiency of 22% using industrially feasible technology[J]. Solar Energy Materials and Solar Cells,2016,152:59-64.

[11] 中国可再生能源学会光伏专业委员会. 2020 年中国光伏技术发展报告-晶体硅太阳电池研究进展(1)[J]. 太阳能,2020(10):5-12.

[12] Sarwar R. 基于多晶硅太阳能电池和阵列式单晶硅太阳能电池探测器的无线光通信[D]. 杭州:浙江大学,2019.

[13] 刘成,徐正军,杨君坤. 柔性衬底非晶硅/非晶硅锗叠层太阳电池[J]. 太阳能学报,2013,34(12):2191-2195.

[14] 梁启超,乔芬,杨健,等. 太阳能电池的研究现状与进展[J]. 中国材料进展,2019,38(5):505-511.

[15] Green M A, Hishikawa Y, Warta W, et al. Solar cell efficiency tables(version 50)[J]. Progress in Photovoltaics,2017,25(7):668-676.

[16] 张双双,赵超亮,郑直. 薄膜光伏与建筑集成化研究进展[J]. 化工新型材料,2021,49(10):71-75.

[17] Jenny D A, Loferski J J, Rappaport P. Junctions and solar energy conversion[J]. Physical Review,1956,101(3):1208-1209.

[18] Woodall J M, Hovel H J. High-efficiency $Ga_{1-x}Al_x As$-GaAs solar cells[J]. Solar

Cells,1990,29:167-172.

[19] Mattos L S, Scully S R, Syfu M, et al. New module efficiency record:23.5% under 1-sun illumination using thin-film single-junction GaAs solar cells[C],2012 38th IEEE photovoltaic specialists conference. IEEE,2012:003187-003190.

[20] Ho W J, Lin Y J, Chien L Y, et al. 25.54% efficient single-junction GaAs solar cells using spin-on-film graded-index TiO_2/SiO_2 AR-coating[C]. Lasers and Electro-optics. IEEE,2011.

[21] Bauhuis J G, Mulder P, Haverkamp J E, et al. 26.1% thin-film GaAs solar cell using epitaxial lift-off[J]. Solar Energy Materials and Solar Cells,2009,93(9):1488-1491.

[22] 中国可再生能源学会光伏专业委员会. 2019年中国光伏技术发展报告——新型太阳电池的研究进展(1)[J]. 太阳能,2020(1):25-32.

[23] Orengan B, Gratzel M. A low-cost, high-efficiency solar cell based on dye-sensitized colloidal TiO_2 films[J]. Nature,1991,353(6346):734-740.

[24] 朱海娜,徐征,宋丹丹,等. 染料敏化太阳电池对电极的研究进展[J]. 太阳能,2021,329(09):13-18.

[25] 蔡家伟,任海洋. 有机聚合物太阳能电池在建筑中的应用[J]. 合成树脂及塑料,2016,33(04):88-92.

[26] Mohan Manuraj, Shetti Nagaraj P, Aminabhavi Tejraj M. Perovskites:A new generation electrode materials for storage applications[J]. Journal of Power Sources,2023,574.

[27] Kojima A, Teshima K, Shirai Y, et al. Organometal halide perovskites as visible-light sensitizers for photovoltaic cells[J]. Journal of the American Chemical Society,2009,131(17):6050-6051.

[28] Im J H, Lee C R, Lee J W, et al. 6.5% efficient perovskite quantum-dot-sensitized solar cell[J]. Nanoscale,2011,3(10):4088-4093.

[29] Kim H S, Lee CR, Im J H, et al. Lead iodide perovskite sensitzed all-sold-stae suwonaonthin film mesoscopic solar cell with efficiency exceeding 9%[J]. Scientific Reports,2012,2(1):1-7.

[30] Liu M, Johnston M B, Snaith H J. Efficient planar heterojunction perovskite solar cells by vapour deposition[J]. Nature,2013,501(7467):395-398.

[31] Service R F. Energy technology perovskite solar cells keep on surging[J]. Science,2014,344(6183):458-458.

[32] Service R F. Perovskite solar cells gear up to go commercial[J]. Science,2016,354

(6317):1214.

[33] 吴飞,周蕾,皮湛恩. 绽放异彩的燃料电池 AIP 系统—国外常规潜艇燃料电池 AIP 系统的应用现状[J]. 船电技术,2014,34(08):1-4.

[34] 于承雪,张心周,张科,等. 小型氢燃料电池的应用现状及发展趋势[J]. 电池工业,2021,25(06):317-320.

[35] 黄武星,翟荣欣. 氢燃料电池无人机"参军"尚需先过成本关[EB/OL]. (2022-07-08)[2023-03-25]. http://www.mod.gov.cn/gfbw/tp_214132/jskj/4915067.html.

[36] 王波. 国内续航时间最长氢动力无人机成功首飞[J]. 能源研究与信息,2022,38(01):61.

[37] 佚名. 美国通用汽车公司研制的"科罗拉多"ZH2 氢燃料电池汽车[J]. 国外坦克,2016(10):2.

[38] 李东海,许妍敏. 燃料电池:信息化战场"新能源"[J]. 科学中国人,2019(03):64-65.

[39] 路骏,白超,高育科,等. 水下燃料电池推进技术研究进展[J]. 推进技术,2020,41(11):2450-2464.

[40] Shao Y, El-Kady M F, Sun J, et al. Design and mechanisms of asymmetric supercapacitors[J]. Chemical Reviews,2018,118(18):9233-9280.

[41] Ding J, Hu W, Paek E, et al. Review of hybrid ion capacitors: from aqueous to lithium to sodium[J]. Chemical Reviews,2018,118(14):6457-6498.

[42] 任明亮,胡滨. 认识核能[J]. 中国科技教育,2020,289(04):54-55.

[43] 中国核工业集团有限公司. 中国新一代"人造太阳"装置科学研究取得突破性进展[J]. 电世界,2022,63(06):62.

[44] 唐琳. 美国首次成功在核聚变反应中实现"净能量增益"[J]. 科学新闻,2023,25(01):24.

[45] 徐海涛,戴威. 403 秒!中国"人造太阳"获重大突破[N]. 云南日报,2023-04-13.

[46] 佚名. 波音公司开发核能激光引擎:飞机从此不烧油[J]. 现代国企研究,2015(17):90.

[47] 刘渊,付玉. 洛马紧凑型聚变堆朝实用化迈出重要一步[J]. 国外核新闻,2018(10):27-29.

第 3 章 世界军事装备中的先进电能源案例

3.1 水下隐身突防的静默能源

在现代综合海战中,水下突防对抗体系已经成为经典的范例。该体系综合运用了探测、指控、打击、保障等作战要素,并对不同区域的作战单元进行统一部署,是水下攻防作战任务执行的中央枢纽。水下突防对抗体系不仅对水下战场的信息进行传递、探测和感知,更是一个动态、开放的新型网络系统,能对战争指挥控制、决策交战、综合评估等全过程的作战资源进行有序集合。水下突防对抗体系由于各组分之间互相补充、互相协调,所以作战破坏性极高,隐蔽性强,成体系化。

目前,以无人水下潜航器(UUV)、潜艇、水下滑翔机为代表的典型水下突防平台已经成为战争的重要角色。

UUV,也称为水下无人机,在没有人为干预或支持的情况下,可以执行水下的一系列作业任务。UUV 分为遥控水下航行器(ROUV)和自主水下航行器(AUV)两类。两者的不同点在于,ROUV 是由操作员远程控制实现运行,而 AUV 则是自主化的独立运行设备。目前,UUV 在水下侦察、探测和发起攻击中起到了至关重要的作用,其自主控制、隐蔽性强的特点，更是在现代战争中扮演着重要的角色。因此，美国海军副参谋长阿肖克·库马尔中将曾经在一份声明中宣称，未来美国将着重打造四类无人操控的UUV，主要包括续航时间为10~20h的、具有集群功能的轻型无人潜航器（AUV），能兼容轻型鱼雷发射管的轻型无人潜航器（AUV），长续航（约为2天）的重量级AUV，以及高续航（续航时间为3~4天且至少15天水下续航能力）的AUV。由此可以看出，UUV的发展离不开续航时间的支撑，而续航时间长短则受限于水下环境中电能源的持续运作，该电能源的性能将是未来先进UUV系统的决定性因素。UUV在运行时推进系统必须有高比能、低噪声、强安全的特征，以满足水下突防的要求，因此通常以锂离子电池作为推进系统。然而，目前的UUV中使用锂离子电池作为推进系统时，续航能力仅仅在24h左右，与超续航的要求相差甚远。可见，目前的锂离子电池在水下运作时，还无法满足上述要求。2017年，以美国为首的西方国家开始了水下无人潜航器静音推进系统的研发。美国国防部拨款600万美元经费，计划5年时间内解决上述问题。此外，美国陆军实验室开发了一种基于氢燃料电池的供电推进系统。该系统通过高氯酸锂储存并释放氧气，并将甲醇裂解后得到氢气，两种气体分别通入到反应堆中进行反应而实现电能的输出。有趣的是，该系统是一套完全内循环的体系。比如，当氢气过量时，会被遣返到燃烧器中，其燃烧产生的热量则被用来预热转化处理器，也可以加热高氯酸锂以释放氧气。在这种巧妙的设计下，每个氢燃料电池堆能够实现400W的功率。

潜艇，又被称为潜水船、潜舰，是能够在水下运行的舰艇，因此又被称为"黑鱼"。目前的潜艇种类繁多，有全自动类型的、一到两个人操作的小型民用潜水探测器，也有可装载数百人、续航半年左右的俄罗斯"台风"级核潜艇。按体积可分为大型（主要为军用）、中型或小型（袖珍潜艇、潜水器）和水下自动机械装置等。提起潜艇的军用事例，不得不提由耶鲁大学大卫·布什奈尔（David Bushnell）建成的"海龟"号（Turtle）潜艇，因为这是第一艘用于战争的潜艇。只不过，这艘潜艇的原动力是通过脚踏的阀门向水舱注水实现的，通过这

第 3 章 世界军事装备中的先进电能源案例

种原动力,该潜艇可以潜水 6m 左右,且在水下停留 30min。1776 年,美国独立战争期间,"海龟"号试图通过装备的鱼雷攻击英国皇家海军的"老鹰"号(HMS Eagle)。虽然没有达到目的,但是却开创了人类历史上首次利用潜艇参与战争的先河。至此,潜艇在战争中便逐步崭露头角。直到 1864 年 2 月 17 日,美国南北战争时期,何瑞斯·劳升·汉利(Horace Lawson Hunley)制造的"汉利"号潜艇成功炸沉了北方联邦的"豪萨托尼克"号(USS Housatonic)护卫舰,创造了史上第一个利用潜艇成功炸沉敌舰的范例。该潜艇内部承载了 8 名士兵,以手柄摇的方式进行驱动。潜艇前端配置了一个炸药包,在接触到敌舰时便引发了爆炸,该潜艇也随着爆炸而沉没,这也是人力潜艇所创造的最佳战绩。直到蒸汽机技术在英国工业革命中的脱颖而出,才实现了以机械动力取代人力的现代潜艇,潜艇的技术得到飞速发展。举例来看,1863 年,法国"潜水员"号潜艇以压缩空气发动机作动力,其 80 马力(1 马力 = 735W)的功率能维持潜艇水下潜航 3h,下潜深度为 12m。1886 年,以蓄电池为动力推进的英国"鹦鹉螺"号潜艇问世,续航力约 80 海里。可见,动力推进的进步,使潜艇表现出了更深的潜水能力和更强的续航能力[1-2]。随着核技术的出现,目前,核动力潜艇便占据了该领域的前沿。相比于传统动力的潜艇,核动力潜艇输出动力提高,续航能力超强,速度也更快。值得注意的是,核燃料的更换周期通常为 10 年以上,而传统动力潜艇的燃料,比如柴电动力,往往几周便需要更换。因此,核动力潜艇也通常被视为无限续航。但是,核动力潜艇制造的技术难度大,可控性差,稳定性低,而且建造费用和维护要求也极高,目前全世界公开宣称拥有核动力的国家仅仅只有 5 个。

水下滑翔机,是利用净浮力和姿态角调整来获取动力的设备,能耗极小,效率极高,且续航力可达上千千米,因此也被称为新型的水下机器人。由于上述特点,水下滑翔机目前主要承担着海洋战场隐蔽探测与侦察的任务角色。然而,滑翔机的航行速度较慢,但是,其超强的航程和低制造成本及维护费用,使其瑕不掩瑜。并且,水下滑翔机只是在调整净浮力和姿态角时消耗少量能源，极大地满足了对海洋探索长时间、大范围的需求，因此也可以重复并大量投放使用。不过，虽然水下滑翔机能耗较低，但在极端的水下环境中，其供能系统也面临着新的挑战。

军用电能源为水下武器装备提供了动力能源，也成为其不可或缺的组成部分。目前，锂电池、贮备电池、特种燃料电池和电化学电容器等电源也被陆续投放到水下武器中。相比于陆地环境，水下环境更严苛，使电能源的比能量、功率、寿命等指标面临着更严峻的考验。此外，特殊的环境也对电能源的耐高低温、长期贮存、绝对安全、超高比能量和比功率等指标提出了更严格的要求。

目前，以燃料电池为代表的电化学储能装备在水下隐身突防的静默能源中表现出可圈可点的作用，其应用主要有三个方面：一是作为舰艇辅助动力源；二是作为水下无人驾驶机器人电源；三是作为特种驱动电源。燃料电池是一种使用燃料进行化学反应产生电能的装置。燃料电池主要包括质子交换膜燃料电池、碱性燃料电池、磷酸燃料电池、熔融碳酸盐燃料电池、固体氧化物燃料电池和直接甲醇燃料电池等。所用燃料包括纯氢气、甲醇、乙醇、天然气等。燃料电池主要由电极、电解质、燃料和氧化剂组成，其具备可靠性高、工作效率高、环境友好、安静并可以长时间工作等特点。目前，相对先进的电池，以氢氧为燃料的质子交换膜燃料电池，不仅燃料价格便宜，无化学危险、对环境无污染，而且在发电后的产物只是纯水和热量，这是其他的动力源所无法比拟的。

通用汽车公司在氢燃料电池的研究上下足了功夫，并试图通过利用该装置来获得比蓄电池更高的续航里程。2016年6月，通用汽车公司、美国海军研究办公室以及美国海军研究实验室宣布，三者将会合作将汽车氢燃料电池系统用于海军下一代无人水下航行器领域，美国海军研究实验室近期也将通用汽车的氢燃料电池配备在无人水下航行器中并进行了测试。可以看出，发展高可靠、长续航的无人水下航行器便是本次三方合作的重要一环。

第 3 章 世界军事装备中的先进电能源案例

我国在燃料电池技术发展上起步较晚，相比于欧美国家，有不小的差距。可喜的是，近几年来，随着我国在新能源政策上的扶持力度不断加大，以及新能源技术的发展，燃料电池技术得到快速发展。2019 年，中国船舶第 712 研究所首次发布了首款 500kW 级船用氢燃料电池系统，这是我国具有独立自主产权的电池体系。该体系能量转换效率高、振动噪声小，是未来发展水下武器的理想动力能源。

此外，相比于燃料电池，大容量的锂电池在水下武器中也表现出迅猛的势头。锂离子电池作为时下热门电池，性能安全可靠，因此被诸多发达国家当作潜艇领域应用的首选电源。只是目前世界各国海军所用潜艇中，传统的铅酸电池仍然占主流位置，高性能的锂电池被用作核潜艇的备用电源和应急电源。虽然也作为主要电源应用在常规潜艇中，但是其规模还无法撼动铅酸电池的地位。因为在深海的环境中，锂电池的性能会大打折扣。电池性能的优劣决定着潜艇的作战能力。一旦锂电池供电不足，潜艇就会失去水下速度和续航能力，暴露的风险也大大增加。这也是世界潜艇制造国高度重视锂电池的研制与应用的原因。此外，锂电池自身的缺陷也十分明显。比如，锂电池工作中产生大量的热，不仅会恶化潜艇成员的生活环境，而且还很容易导致锂电池自燃事故。时至今日，锂离子电池在包括消费电子、汽车、航空和海事部门在内的各种行业中出现严重消防安全问题的个例也屡见不鲜。

然而，未来的潜艇动力源中，锂电池仍然是耀眼的明星。锂电池自身的快速充放电功能和超长的循环稳定性，可以极大地辅助潜艇作战的灵活性，增强作战能力。如果能将锂电池的性能扬长避短，是一个明智的举措。2011 年，美国海军发布了《锂电池系统海军平台集成安全手册》以指导性地研究锂离子电池的安全性。2015 年，国际航空运输协会实施了第一版运营商指导文件，以降低与锂电池相关的风险。

深海特种电源对于深海战略具有重大意义，需要类似高比能锂电池和燃料电池的新型电化学电源，同时要求能够提供足够的续航能力和短时高功率输出能力。我国"蛟龙"号深潜器采用的银锌电池具有能量密度低的缺陷，但美国、日本对我国深海电源中开发高续航时间锂离子电池的技术进行封锁。正如上文所述，深海环境对电源的深水耐压性能、高能量密度、高安全可靠性以及耐海水腐蚀等方面都提出了新的挑战。发展电化学储能系统本征安全材料，开发高性能的极寒极热极高压条件下电化学系统平稳运转体系，是目前基础研究的重点。尤其在面临尖端的军用需求中，武器所配备的电化学储能系统的安全管理尤其需要高度重视，并加强运行维护。随着锂电池综合评价技术的不断发展，在未来其肯定会成为各国军队使用的主要电池。而未来的锂电池技术，也将进一步与人工智能技术相融合，全面提升战场智能化程度。

3.2　活在深海的能源系统

3.2.1　水下电能源

现今社会面临诸如资源匮乏、环境污染、人口扩张、粮食短缺等复杂且迫切的问题，这些问题无法仅依靠覆盖地球表面29%的陆地解决。因此，人们将希望寄托于广袤无垠的海洋之中。水下机器人在海洋资源的探测过程中扮演着关键的角色，尤其在深海观测、勘察、海底作业等方面发挥潜力巨大。

然而，水下装备的作业必须依赖电能源供应。若水下装备具有充足电能源，其作业和续航能力均可大幅提升。当前，水下装备的动力电源主要有两种：一是通过在海底安装深水密封电缆从岸基电源获取能源，可通过多功能复合电缆实现电力和通信的传输，该能源供应方式非常简便且具有良好的承载能力；二是从携带的化学电源中获取电能源，这些化学电源包括铅酸蓄电池、银锌蓄电池、锂离子电池和燃料电池等，其主要性能指标见表3-1[3]。

第3章 世界军事装备中的先进电能源案例

表 3-1 水下装备化学电源主要性能指标

化学电源大类	小类	质量密度 /(W·h/kg)	体积能量密度 /(W·h/L)	充电时间 /h	循环寿命 /次	安全可靠性
铅酸蓄电池	开阀富液式	25	40	8~10	300	充电析出易燃易爆气体，维护烦琐
铅酸蓄电池	阀控密封式	45	80	8~10	300	充电析出易燃易爆气体，维护简单
银锌蓄电池	二次电池	80~110	180~200	8~10	100	充电析出易燃易爆气体，维护烦琐
锂电池	锂亚硫酰氯一次电池	350~550	800~1000	—	—	一次电池，有爆炸隐患
锂电池	磷酸铁锂二次电池	120~180	320~350	2~3	>500	免维护，较安全
锂电池	三元液态二次电池	180~270	360~750	2~3	>500	免维护，有热失控隐患
锂电池	固态锂离子二次电池	220~400	450~850	3~5	>500	免维护，高安全，深水耐压
锂电池	固态锂金属二次电池	400~550	900~1200	8~10	100~200	免维护，较安全，寿命较短
燃料电池	质子交换膜燃料电池	350~550	250~400	—	—	维护烦琐，可靠性差（需要电电混合使用）
燃料电池	金属/海水燃料电池	500~700	500~700	—	—	高安全，输出功率小

铅酸蓄电池是较早使用的水下化学电源,我国第一台水下机器人"探索者"号、美国"迪里亚斯特"载人潜水器以及英国"鹦鹉螺"号HOV均采用的是铅酸蓄电池。在20世纪90年代左右,银锌蓄电池成为了当时的一种主流水下动力电源,美国海军的先进无人搜索系统(AUSS)、加拿大的自持式水下潜水器Theseus、中国的自治水下机器人CR-01以及中国的载人潜水器"蛟龙"号(如图3-1(a)所示)等均采用的是银锌蓄电池。但由于银锌蓄电池存在成本高、寿命短、低温性能差、内部极易短路等缺点,逐渐被锂电池所替代。

锂电池相较于铅酸电池以及银锌电池而言,其能量密度得到了显著的提升,并且其还具有安全性更高、工作温度范围更宽、耐深水高压性更强以及长寿命和高功率等优势,使得其成为目前使用较多的水下电能源。在我国,"潜龙一号"、"深海勇士"号、"奋斗者"号(如图3-1(b)所示)均搭载锂离子动力电池,实现了较大的深潜度,具有强大的勘察、探测等作业能力。同时,日本的"深海6500"、美国的"深海挑战者"均装备了锂离子电池,它们的最大下潜深度分别可达6500m和11000m,单次作业时间分别可达8h和6h[4]。

(a) 我国"蛟龙"号深海载人潜水器　　　　(b) "奋斗者"号深海载人潜水器[3]

图3-1　我国的深海载人潜水器

与能量容量有限的二次电子不同,燃料电池将其反应物储存在其结构之外,反应物的储能决定了电池的容量。因此,它们比二次电池有更大的比能量。并且,燃料电池还具有能量转换效率高、长寿命、无污染等特点[5]。美国海军的"海马"级自主式无人潜航器、挪威的

Hugin 3000 水下航行器、德国的 Deep C 深海水下航行器等均采用了燃料电池进行能源供应[6]。其中，挪威的 Hugin 3000 采用铝-过氧化氢半燃料电池，下潜深度可达 3000m，续航能力可达 60h。德国的 Deep C 采用了质子交换膜燃料电池，续航时间可达 60h，可航行 400km，航深可达 4000m。2020 年，中国科学院大连化学物理研究所王二东团队成功研制了镁/海水燃料电池系统，"海鹿"号潜水器搭载此燃料电池系统，顺利完成了 3000m 水深海上试验，首次实现了镁/海水燃料电池系统的实际应用。

对于水下电能源来说，除了需要寻找高能量密度、高安全储能系统的电池提升水下装备的单次续航及作业能力以外，构建大型安全性高的储能基站以为水下机器人作业提供充实的能量来源也十分必要。针对于此，在 2018 年，中国科学院启动了前瞻战略科技先导专项（A 类）"深海/深渊智能技术及海底原位科学实验站"，大力推进深海/海底原位科学实验站的结构、特种材料及能源动力等关键共性技术发展，以期从根本上解决深海装备的能源供给瓶颈。2022 年，该专项已实现南海海底大深度原位科学实验站的布设，配备了兆瓦时级锂电池能源系统，能够支撑开展无人无缆值守条件下的智能探测与原位实验。

有了储能基站以后，如何实现能源的高效传输是我们面临的又一大难题。对此，无线充电技术通过非物理直接接触的方式对用电设备补充电能，可有效提高充电系统的安全性与便捷性。

水下无线充电技术可以通过非物理接触的方式对水下航行器进行电能的补充，是一种理想的能量传输技术。其通过磁耦合的方式进行能量传输，具有隐蔽可靠、可满足水下装备长期补给需求的优势。水下无线充电的原理如图 3-2 所示。

为进一步推进可再生能源的开发与规模化利用，丹麦能源署公布了建立"能源岛"计划，将海上的风能、光能、电能等可再生能源进行开发与高效利用，以实现远海水下装备的能源供给，是未来远海水下电能源供给的一个重要组成部分。

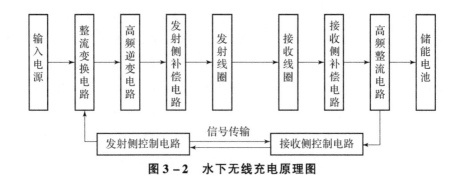

图 3-2　水下无线充电原理图

水下电能源作为水下装备作业不可缺少的一部分，其发展一直备受关注，其由最开始的铅酸蓄电池、银锌蓄电池逐步发展到如今大面积推广使用的锂电池与燃料电池，水下装备实现了更为深入的下潜以及更长的工作时间。在未来，相信随着技术的不断进步，海底波浪发电、洋流发电、温差发电等会逐步成为现实，从而能更好地为水下设备提供电能源，水下电能源类型将从单一化向多元化拓展。

3.2.2　水下传感器

由于海洋环境中存在着大量的未开发资源，这使得海洋探测受到了世界各国的关注。到目前为止，传感器技术已经成熟到可以在任何类型的环境中使用，这给我们带来了监测和感知水生环境的新方法。水下传感器可以为水下环境条件提供许多重要的信息。为海洋环境的开发、保护以及海洋监测、河流和海洋污染检测提供数据。同时水下传感器还有着许多潜在的应用，如鱼类和贝类的生长观察，深海考古学，地震和火山预测，石油监测等。

在水下环境中，如果能够实现对速度和压力波动的感知，就可以实现实时状态反馈，跟踪其他车辆，识别对水下工作有利的动态条件。大多数水下传感技术依赖于声学、光学、电磁和生物信号。据此，水下传感器可分为声呐传感器、光学传感器、电磁传感器和仿生传感器四大类。目前，水下传感器的应用现状主要包括成像传感、水下通信、多功能环境传感等。在水下环境中，如果水下机器人能够感知到水流

第3章　世界军事装备中的先进电能源案例

和压力的变化，这样它们就能进行实时的状态反馈，并能识别水下有利的条件，实现对其他航行器的跟踪等功能。许多水下传感技术凭借声、光、电磁以及生物信号进行传感识别。在此基础上，水下传感器可分为声呐、光学传感器、电磁传感器、仿生传感器四大类[6]。目前，水下传感器主要用于成像传感、水下通信、多功能环境感知，其中成像传感主要用到的传感器为声呐。利用单波束声呐接收传感器所发出的信号波，可以对物体的深度进行测量。利用侧扫声呐对地形、地质及矿物信息进行测量，利用多波束声呐获得水下目标的高精度方向和深度值信息。水下通信可以通过水下电磁感应传感器实现，其具有极高的隐蔽性、极强的探测性、精度极高的定位能力等特点。利用水下传感器我们可以实现许多功能，如水下流速的探测，识别、定位、跟踪水下目标，同时，它还可以极大地提高水下机器人的导航能力。

水下传感器在许多水下机器人中都有应用。例如，俄罗斯的MIR 潜艇（MIR-1 和 MIR-2），它们可以利用水下传感器协同完成复杂的任务，如探测沉船，勘探水下新能源"可燃冰"。图 3-3（a）所示的美国军方设计的"蓝鳍"自主水下航行器可以利用水下传感器进行自主水下导航和目标检测。法国的 VICTOR 6000，可通过电缆远程操作，执行 6000m 深处的观察和处理任务，如图 3-3（b）所示。英国的全自动 Autosub 6000 潜艇，安装了一个多波束声呐，能够独立于母船进行真正的自主操作（Autosub6000：一种深潜远程 AUV），如图 3-3（c）所示。日本的 Kaiko 无人潜水器，安装有多种水下传感器，以方便其在水下安全高效地作业，如图 3-3（d）所示。中国在水下传感器方面也有一定的研究并将其应用到了各种水下机器人中。例如，图 3-3（e）、图 3-3（f）所示的是沈阳自动化研究所研制的"潜龙"和"海斗"自主遥控潜水器，它们均配备了多种水下传感器，可以完成各种水下任务。中国著名的载人潜水器"蛟龙"号（图 3-3（g））和"芬多哲"号（图 3-3（h））利用水下传感器进行深海探测，完成了各项任务[7]。此外，哈尔滨工程大学开发的"橙鲨""海岭"等水下机器人可以通过各种水下传感器探测水下环境。

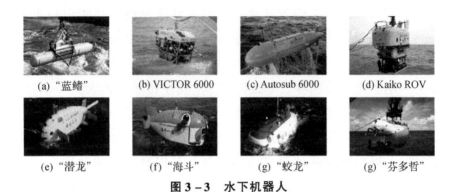

图 3-3 水下机器人

水下传感器是水下作业不可或缺的一部分。依据传感器探测的信息不同,可以实现水下导航、地形勘测、通信、定位、水温水速测量等功能。目前,水下传感器已广泛应用于各种水下机器人中。

3.2.3 水下传感器网络

21世纪已经进入了人类全面开发利用海洋资源的新时代。水下无线传感器网络(UWSN)作为一种新兴的信息网络,逐渐成为各国学者的研究热点。它在海洋环境监测、灾害预警、资源勘探、水文数据采集、海洋军事等领域具有广阔的应用前景。

水下传感器网络是由分布在水下的传感器节点构成,以水为主要传输介质的无线网络。此传感器网络中的通信系统涉及使用声学、电磁或光波介质传输数据。在这些类型的媒体中,声学通信由于其在水中的衰减特性,是目前最流行和应用最广泛的方法。

水下无线传感器网络架构如图 3-4 所示,该网络架构采用水下互联网的形式,包含了传统的水下无线传感器网络设计和实时的水下无线传感器网络架构[8]。

水下传感器网络的组成部分包括传感器、网络系统以及通信方面对应的技术。其传感器的构架主要有二维和三维静态节点、动态构架以及结合静态和移动传感器节点的混合构架,依靠它们可以实现不同深度的水中观测或监测应用。水下传感器网络的运行目标是管理和优

第3章 世界军事装备中的先进电能源案例

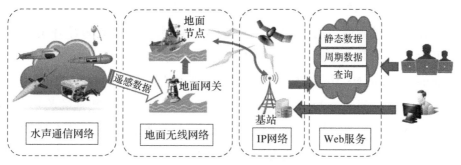

图3-4 水下无线传感器网络架构

化各种功能、特征和性能，以适应其应用的环境。目前大多数移动部署算法都将覆盖、连通性和能效作为水下传感器网络开发的目标。近年来，水下通信网络在通信方面的技术创新实现了水下传感器节点和应用之间的交互，为用户提供了对应不同的需求和偏好的服务。在未来几年内，水下通信系统将在异构节点、水下航行器的集成以及各种水下应用方面面临一些挑战。

水下传感器网络的通信系统主要是水声通信。声学研究在过去的半个世纪中有了很大的进展，特别是在海洋声学方面。其可用于探测潜艇、海洋生物等。在军事领域，其对海洋监视也有着重要的应用。

水下无线传感器网络（UWSN）技术可以通过提供实时监测、岸上系统远程控制水下设备以及用先进设备进行数据记录。通常，UWSN的应用主要有三类：科学、工业以及军事安全。在军事上，传感器节点被用来探测敌人的动向和他们的位置，它可以应用于监测港口和码头，进行边界监视，识别水下水雷位置，以及探测敌方潜艇。在发生自然灾害的情况下，传感器节点可以通过在灾害发生前进行地震监测来探测海洋环境。目前，UWSN应用领域的最新发展如下。

UWSN技术在科学领域的应用范围很广，可分为环境监测、海洋采样。环境监测是为了监测沉积在海底的化学和生物等污染的数量，并进行水质观察。此外，水下机器人已被用于测量水中的氧气含量，以及压力和温度的监测。如Lin提出的一个针对珊瑚礁的应用，其可以结合传感器网络、大数据和物联网的技术，研究海洋盐度、温度、湿度和压力对珊瑚白化和海洋生态系统的影响。长期的海洋环境监测也可以利用不同类型的代理和通信的组合来实现。如 Loncar 等在克罗地亚的 Biograd Na Moru 进行了实验，将自主地面车辆（ASV）、高速移动的人工鱼和附着在海床上的人工贝结合在一起进行了数据的收集。

UWSN 的工业应用对促进商业活动产生了重大影响，其在监测水下石油和天然气管道的应用方面具有潜力。其中，Saeed 设计了一个用于监测水下石油和天然气管道的原型，该系统可以提供有关大面积连接的管道健康的统计报告。Abbas 及 Jawhar 还设计了一个水下石油和天然气管道监测系统。养鱼业也是水下传感器网络在工业应用上的一个主要方面，鱼类养殖需要一个严格的监测系统来监测鱼的生境条件，而水下传感器网络可以根据溶解氧、pH 值、温度、水位和湿度参数来监测养鱼场的实时情况。

军事和国防应用主要是使用水下传感器网络进行港口监测和控制、海上水雷探测、非法战舰或潜艇的边界保护，以及监视和提前识别潜在的敌人。此外，UWSN 的移动水下传感器网络，也被用来提供自然灾难的早期预警，如海底的地震活动。Jain 和 Virmani 设计了一个实时海啸预测的模型，并使用了 2004 年印度洋海啸发生时收集的数据进行评估。

表 3-2 展示了水下传感器网络最近的应用研究，其节点之间的通信是利用声波或无线电频率波和声学两者的结合来实现。网络设置是根据应用类型、区域、网络规模、水深、通信类型和频率、节点之间的距离、传感器的类型和节点总数所构建[8]。

水下传感器网络由传感器、网络系统以及通信方面对应的技术组成。目前，其主要应用声学通信进行数据传输，且其已经能够满足用户的一些需求，但其发展也面临着一些挑战。水下传感器网络已经能够凭借自身的特点在科学、工业、防御和防灾等领域发挥着重要的作用，相信在未来，它还能够有更加广阔的应用前景。

第 3 章 世界军事装备中的先进电能源案例

表 3-2 各种水下无线传感器网络的比较

应用	网络部署		通信			传感节点		
	盐度水平	网络规模	可操作深度	通道频率	工作原理	类型	距离	数量
养鱼场	海洋	最大可达2.4km	30m	26.8kHz	射频,声学	静态	6m	5
河流监测	河流	5000m×200m	50m	35kHz	声学	动态	300m	2
海洋监测	浅水	90cm×38cm×45cm	最大可达3m	433MHz	射频,声学	静态	15cm	2
环境监测	内海	最大可达2km	2m	28kHz	射频,声学	静态	100m	3
水质	内海	4500~5500m³	45m	25~40kHz	射频,声学	静态	110m	3
监控	内海	23km×30km×300m	50m	1~4kHz	射频,声学	动态	75m	2
目标跟踪	内海	最大可达1km	32m	2kHz	射频,声学	动态	300m	2
勘探	内海	14.5m×12m	2m	2kHz	射频,声学	动态	10m	3
勘测规划	内海	600m×600m	20m	1~4kHz	射频,声学	动态	10m	2
目标跟踪	内海	30m×30m×25m	25m	2kHz	射频,声学	动态	4m	6
监控	内海	400m×400m×400m	20m	3kHz	射频,声学	静态	20m	4
监控	海洋	最大可达3km	90~98m	25.6kHz	射频,声学	静态,动态	未见相关资料	7
勘探	内海	600m×900m	最大可达80m	3kHz	声学	动态	75m	2
海洋采样	海洋	500m×500m	10m	2kHz	声学	动态	75m	2

3.3 深海杀手锏

深海预置武器系统是一类事先预置而在特定时间激发以发挥军事打击力量的武器系统,如将具有打击和侦察能力的导弹、鱼雷、潜艇等作战装备置于军事要道或前沿竞争性水域中,既可实施长期潜伏任务又可远程遥控激活作战,能够同时执行侦察、打击、航路封锁等多重作战任务。"海德拉"(Hydra)和"上浮式有效载荷"(UFP)是其中最典型的两个深海预置武器系统。"海德拉"由美国国防高级研究计划局于2013年发布,是一种无人水下多功能打击平台,具有自主动力系统,能够在300m下待机数月。由于其可搭载攻击型无人潜航器、导弹及拖曳声呐阵等模块化荷载,能够执行快速侦察与水下作战任务。其成本低于核潜艇,且具有战场预置、自主定位、探测攻击迅速的优势,已成为一项重要的军事力量。"上浮式有效载荷"项目的研制旨在实现更深海域内军事力量的长期潜伏,潜伏时间可达数年之久。一经激活可将内置载荷迅速升至水面执行作战任务。其既可搭载对地攻击、反潜、反舰、防空等武器,也可携载无人潜航器、无人机等载荷。同时,还可装配电源模块执行无人潜航器充电任务。此外,美国国防部还先后提出了"长蛇阵""深海胶囊"等深海预置武器研制计划[9]。

近年来,超空泡鱼雷成为最具作战能力的深海杀手锏之一,其利用超空泡发泡技术,通过在该导弹型鱼雷头部安装一个发泡腔,在前行过程中排出泡泡包裹鱼雷,将鱼雷与水隔开,此时鱼雷与水之间的滑动摩擦力转变为滚动摩擦力,大大降低了前进阻力。正因如此,超空泡鱼雷的行驶速度可达200kn以上,与传统鱼雷相比,杀伤力更强。且超空泡鱼雷速度太快,即使在不制导的情况下,仅以直线前进的方式攻击航母,航母也难以机动避开。当数枚超空泡鱼雷同时发起攻击时,航母也难以招架。在深海无人装备系统中装配超空泡鱼雷,无疑将增加我国在海上军事对峙中的作战实力。

第3章 世界军事装备中的先进电能源案例

深海预置武器中鱼雷、导弹等的精确投掷都需要电能源系统的支撑，而电池的供电方式受控于武器系统的工作模式。对于深海预置武器系统而言，其在海下的潜伏期长达数年，受海洋环境影响，深海预置武器配备的电能源系统不仅需具备较高的能量密度，还需具备高度的服役安全性和可靠性。更重要的是，受深海预置武器作战方式影响，其所携带电能源系统还需具备超长待机能力，以应对数年预置要求，同时能够对激活指令做出快速响应。由于深海预置武器体系不具备二次充电能力，因此多以一次电池作为深海鱼雷等战略武器的电源支撑系统，这种电池被称为贮备电池。贮备电池在物理结构上与常规电池具有较大差异。具体的，贮备电池中活性物质不与电解质发生直接接触或电解质不导电。在激活期间，注入电解液或使电解质熔化，使其具有放电能力。在贮存期间，活性物质组分间几乎不发生化学反应，因而自放电率低、容量衰减小，而在接受激活指令后，活性物质间充分接触提供高功率电能输出，以完成鱼雷、导弹发射指令等。贮备电池作为深海预置武器的动力源，是装备作战精度及威力的重要保证。不难看出，贮备电池的贮存寿命和电化学性能，对于深海预置武器的贮存周期及服役可靠性具有重大影响。目前常用军用贮备电池主要包括热电池、银锌电池、锂-亚硫酰氯电池及锂电池等。

3.3.1 热电池

热电池工作温度较高，约 400~600℃，属于贮备型高温熔融盐电池。$Li-Si/FeS_2$ 热电池结构如图 3-5 所示。通过激活系统加热元器件产生高温，使得电解质从绝缘态转变为离子导通态，此时电池从贮存状态转变为服役状态。热电池最早由德国科学家在第二次世界大战期间研制出来，用于 V2 火箭。利用火箭废热将电池中的电解质保持在熔融状态，使得电池可以发挥能效。随后，英美俄等国相继将热电池用于制作导弹、鱼雷等预置武器的短程引信动力源，包括"突击"、"爱国者"、"响尾蛇"、"巡航"等[10]。

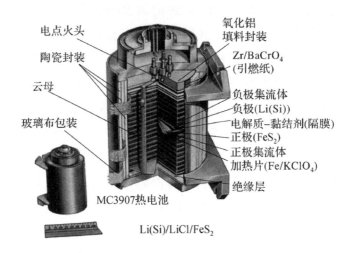

图 3-5 Li-Si/FeS₂ 热电池结构图[11]

3.3.2 银锌电池

银锌贮备电池是一种特殊的一次电池，其电化学体系包括锌阳极、氧化银阴极和氢氧化钾电解质。贮存期，该种电池的电极与电解液分开保存，不具备对外输出电能的能力，使用时通过击碎保护屏障使电极与电解液相接触，使电池进入工作状态。银锌贮备电池被广泛应用在鱼雷、导弹等战略武器中，作为鱼雷的主动力电池以及导弹的引信电池。我国在 20 世纪 60 年代末期开始将银锌贮备电池应用于某型舰载导弹中的引信电源，后经过几十年技术发展，美国用于 Peacekeeper 导弹上的银锌贮备电池组的质量比能量最高达 86.3W·h/kg[12]。银锌贮备电池激活时间对武器的作战效能具有重要影响，而这取决于电解液的注入与浸润时间，其与电池中激活结构的多管路及复杂的气液流程正相关。因此，银锌电池的结构参数及激活管路是其设计难点。

负极：$Zn + 2OH^- - 2e^- \rightarrow ZnO + H_2O$

正极：$Ag_2O(AgO) + H_2O + 2e^- \rightarrow 2Ag(Ag) + 2OH^-$

3.3.3 锂-亚硫酰氯电池

锂-亚硫酰氯（Li/SOCl$_2$）电池是实际应用的电池系列中比能量最高的一次电池，由锂负极、碳正极和 SOCl$_2$ 组成，其中 SOCl$_2$ 既是电解质又是正极活性物质。锂-亚硫酰氯电池质量比能量可达 590W·h/kg。锂-亚硫酰氯电池在电压、能量密度、低温性能上都具有很大的优势，能耐高冲击和振动，放电时间长。锂-亚硫酰氯电池仍采用电解液与电极分离的方式进行贮存，可通过激发位于电池底部的激活器，打碎电池底部的玻璃瓶来激活电池，也可以通过感应装置来激活电池。美军典型电子时间引信 M762，就配用锂-亚硫酰氯贮备电池，最大放电电流达 350mA。但是，锂-亚硫酰氯电池在充放电过程中将产生二氧化硫，使得电池在安全性上存在一定隐患，长期贮存难以保证预置武器所要求的绝对安全性。

$$负极: Li - e^- \rightarrow Li^+$$
$$正极: 2SOCl_2 + 4e^- \rightarrow S + SO_2 + 4Cl^-$$

3.3.4 锂电池

除预置武器的精确激活外，预置武器的后续追踪精度也将对其威力具有重要影响。这就需要利用严格且精密的导弹修正技术，并以电能源作为弹道修正的主要动力支撑。二维弹道修正引信技术能够通过对子弹运行轨迹中 x 及 y 两个方向的参数进行校正，获得更高的攻击精度。但是，这种二维弹道修正引信技术无疑需要更高的电能源支撑，这就对贮备电池的各项性能提出了更高的要求。如要求电池更高的能量密度和更大的输出功率，同时还能以更高的电流密度持续较长时间放电。因此，基于上述因素，现有热电池、银锌电池及锂-亚硫酰氯电池等都还存在各种不足，急需新的电池体系以支撑预置武器的作战需求。

锂金属电池是以锂金属为负极，配备高电压钴酸锂等正极的电池体系，具有较高的理论能量密度，被广泛应用于军事电源领域。作为贮备电池，锂电池通过先充电使正极材料脱锂，再与锂金属负极组装成一次电池的方式进行使用。其中，为解决荷电态锂电池自放电现象，常采用电解液与电极分开贮存的方式，使用时通过激活装置使得电解液快速浸润将电池调整为工作状态。为了获得更快的激活速度，对电池隔膜进行修饰以获得更加优异的电解液浸润性是一条有效途径。这种贮备锂电池可采用高电导率荷电态钴酸锂为正极，超薄锂片为负极，高浸润型薄膜为电池隔膜，构筑能量密度高、激活速度快、贮存寿命长的贮备式锂电池。

深海预置武器系统兼有潜艇的隐蔽性和飞行器的速度，具有高效突防打击能力和承担多任务能力，军事应用前景广阔[13]。而这些深海杀手锏的侦察与打击任务离不开贮备电池的动力支撑，尤其是高比能、高功率、长贮存、高安全贮备电池的支撑。在未来，还需新材料与新工艺的持续突破，为预置武器的升级与进步提供基础资料。

3.4 "剪断"自主作战机器的脐带

近年来，随着计算机技术、信息技术与传感技术的快速发展，人工智能及其军事应用呈现井喷式发展，军队已经开始装备机器人战士，比如机器人、机器狗、无人机、智能战车等。通过部署机器人战士作为作战单元，不仅能提升军队在后勤、侦察和火力支援方面的作战效率，而且还能减少对人力数量的需求，从而降低伤亡率并缩短战斗时间。在这方面，美俄两国已经处于领先地位，并且部分机器人战士已经实现实战部署。美国在《2007—2032年无人系统路线图》中提出，美国的无人作战平台正向多功能化、网络化和一体化方向发展；并且，根据《国家机器人计划2.0》的规划，美国将在2026年前装备第一支机器人战车部队。此外，俄罗斯在《2025年先进军用机器人技术装备研发专项综合计划》明确提出，到2025年俄罗斯军队的无人系统占其

第3章 世界军事装备中的先进电能源案例

装备结构的比例将超过30%[14]。

2013年,美国研制的一款名为"Atlas"的人形机器人,高1.9m,重150kg,采用液压驱动并配备测距装置和立体摄像机。此外,Atlas具备双腿行走、攀爬梯子、驾驶汽车、穿越通道等基本动作能力,甚至还能在实时遥控下穿越复杂地形,可用于危险环境下的救援等任务。PackBot机器人体型小巧、质心低,具有卓越的越障能力,可用于处理简易爆炸装置、室内侦察和搜寻可疑物品等任务。MQ-9"死神"无人机具备长时间飞行、高海拔监视能力,航程超过2000km,最高速度达217km/h,同时还可以携带两枚AGM-114"地狱火"飞弹开展攻击。BigDog机器狗配备了15马力的内燃机并装备了50个传感器,可以在各种复杂地形条件下灵活行走,并能够在受到侧向外力的作用下仍然保持身体稳定。RoboBees微型自动飞行器拥有蜜蜂般大小与外形,尺寸仅为指甲的一半,质量不到0.1g,通过无缝集成电源、自动传感器和电子控制设备集成实现环境感知与响应动作。

俄罗斯设立了国防部机器人技术装备科学研究与试验总中心、机器人技术科研实验中心等机构,旨在研究智能作战机器人和无人装备等。该国已经研发出近30种不同类型、不同用途和不同重量级的无人战车。其中,"天王星"9机器人战车(Uran-9)是目前世界上最成熟、设计最完善的机器人战车之一,重达10t,具备远程侦察、火力支援、跟踪和打击等强大能力。该战车配备机关炮、反坦克导弹、肩扛防空导弹等武器,以及无人武器站和激光预警系统等。操作员可在距离战车3000m的地方进行遥控操作。平台-M型作战机器人体型小巧灵活,具有巡逻、侦察和打击等能力。机器人体长1.6m,高1.2m,重约800kg,采用履带式行走机构,拥有六个直径小的负重轮、橡胶履带和独立悬挂装置,能够在复杂地形行走,并能爬升25°陡坡,越过0.21m高的障碍物;车身装有大容量锂电池组,可持续工作4h;武器系统包括一挺7.62mm机枪和四具RPG-26反坦克火箭筒,机枪左侧还装有同轴光电观瞄设备。"暗语"全地形作战机器人可以在山地和水网地形中执行作战任务,配备全地形车底盘和整体式防护装甲,长

3.35m，宽1.85m，高1.65m；使用柴油发动机提供动力，一次加油可以让它连续工作20h；在陆地上最高速度可达20km/h，在水上最高航速为4.6km/h；武器系统包括一挺7.62mm机枪、三具RPG-26反坦克火箭筒和两部RShG-2榴弹发射器。"乌兰"-6工程兵机器人能够执行清除爆炸物、在雷区建立通道、进行消防等任务，长3m，宽1.53m，高1.47m，配备了4部摄像头和防护装甲，能够抵御地雷破片、爆炸冲击波和7.62mm轻武器的近距离射击。

军用机器人的作战装备需要能够长时间服役以及具有良好的隐蔽性能，能够持续进行侦察和作战等任务。通常使用380V或220V交流电作为动力供给，并通过驱动器和控制伺服电机实现精确转动。然而，现有技术已不能满足这些需求，因此需要一种方便且稳定的动力供应方式。目前已经开发出的BigDog使用一台汽油发动机提供动力，该发动机驱动液压系统，以液压系统作为驱动输出动力，因此噪声大且难以保持隐蔽性。Spot采用电池能源提供动力，驱动液压系统，以液压系统作为驱动输出动力，进而控制每段肢体的动作；Atlas2则使用背后的大型电池包提供电力，驱动紧凑的液压动力系统，不用再拖着一个长长的尾巴。因此，电池成为军用机器人便捷稳定的动力来源，其能量密度、功率密度、尺寸、分布和控制方式对机器人的服役时间、载荷能力和机动性等有重要影响。

特别是，在机器设备小型化、轻量化方向上，研究者们在努力地对设备中单个部件或器件性能进行优化提升，比如采用高质量比能量或高体积比能量的电源、轻量化结构部件等。目前，大部分设备中的储能器件（为设备提供能源）和结构部件（为设备提供结构支撑和保护）是两个分别独立的、且质量占比最大的系统，通常占到设备总重的40%~60%，并且还需要通过机械紧固件将储能器件进行固定，进一步增加了设备的整体体积和重量。如果将储能器件和结构部件集成一体，制备一种既具有能量存储功能又具有结构特性的"结构化高比能电池"，将其按需分散部署在设备各处充当结构部件，并通过网络进行连接与管控，在设备中形成高效、安全、可靠的结构化的分布式储

第3章 世界军事装备中的先进电能源案例

能系统,代替原来独立的储能器件,或作为原有独立储能器件的补充,可以极大地提高设备空间以及质量的利用效率,甚至实现无体积、无质量的能量存储,使系统性能获得显著提升。

美国海军研究实验室已经开展了结构化电池技术研究,重要进展如下:2002年,DARPA宣布成功开发了使用结构化电池的"黄蜂"(WASP)微型飞行器(如图3-6所示),主要用于军事侦察和监视。该飞行器以能量密度136W·h/kg的多层薄锂离子电池为翼皮,代替传统设计中独立的电池和机翼

图3-6 "黄蜂"WASP 微型飞行器

结构组件,避免了电池固定零件的使用,使得新型飞行器中结构件的重量比传统设计轻了20g,可以用于装载更多的电池,从而实现了长达107min的飞行。进一步,通过模拟计算发现,当WASP中结构电池能量密度优化至161W·h/kg后,续航时间将提高到126min;当结构化电池能量密度进一步提高至与商业化电池(185W·h/kg)相同时,续航时间将提升25.6%;而采用传统设计时,即使采用当时能量密度最高的商业化电池(185W·h/kg),飞行器的续航时间也仅为117min。因此,DARPA通过"黄蜂"飞行器的成功开发,证明了使用结构电池对提高系统性能的效果[15]。

此外,以碳纤维增强聚合物结构材料的设计理念和叠层式结构为基础,采用比重小、刚性好、强度高,并具备良好的导电性能和锂离子脱嵌性能的碳纤维增强环氧树脂复合材料作为结构件。以聚合物电解质和承力基体为支撑,以碳纤维作为结构负极和涂覆正极活性材料的碳纤维或金属网作为结构正极,使用玻璃纤维隔膜进行构筑。通过以上设计方案,研制出了储能功能和结构功能结合的结构化电池(如图3-7所示)。聚合物电解质在承担输运锂离子功能的同时,兼顾各组件之间连接、载荷传递和电池在机械载荷下的层间破坏等力学性能,同时与其他组件协同增强聚合物基体的力学性能。该电池能量密度达到24W·h/kg,刚度高达25GPa,是当前现有结构电池性能水平的10倍[16-17]。

(a) 结构化单体电池　　(b) 测试中的结构化单体电池

(c) 结构化电池

图 3-7　结构化电池实物图

不管是将传统电池与结构部件进行物理结合的嵌入式结构电池，还是对电池材料和结构进行重新设计的叠层式结构一体化结构电池，都可以极大地提高设备空间以及质量的利用效率，还可以为设备提供高效、安全、可靠的能源供给，进而显著提升系统性能。然而，结构电池力学性能与电学性能的提升及其商业化应用方面，都有亟需解决的核心问题，包括力-热-电-化多物理场耦合仿真模型、高比特性结构电池体系设计、结构功能一体化功能关键材料技术、结构电池先进制造技术及装备等，以提升结构电池电性能与力学性能，进而提升其对系统的增益效益，并延长装备服役寿命。

3.5　未来班组：从与子同袍到与子同电

随着人工智能技术在军事领域的广泛应用，智能军队建设已成为全球军事领域的热门话题。其中，单兵作战系统是未来战场上最基本的武器平台之一，因此在智能化战争时代中具有极其重要的地位。单

第3章 世界军事装备中的先进电能源案例

兵作战系统能够为士兵提供全方位的支持，包括精准打击、情报获取、快速指挥和控制等多个方面。在未来的信息化战争中，单兵作战系统的发展将不断推进，成为军队智能化建设的关键领域之一。

高科技装备在单兵中的应用，不仅可以增强单兵的作战能力，还可以提高作战效率，减少作战风险。然而，这些高科技装备也增加了对电能的需求和依赖，使得单兵电源系统的研究成为必然。在世界范围内，各国也都制定了相应的未来单兵系统计划。美国的"陆地勇士"（Land Warrior）单兵系统是其中最典型的，它由武器、综合头盔、计算机无线电子系统、软件、防护服和单兵设备等多个子系统组成。此外，英国、法国、德国、以色列等国家也在单兵系统建设上取得了很大的成就，推动了单兵作战系统的进一步发展和完善。可以预见，未来单兵作战系统将更加智能化、高端化和多样化，为士兵提供更全面、更高效的支持。表3-3展示了各国单兵作战系统[18]。

表3-3 各国单兵作战系统列表

国家	单兵作战系统	国家	单兵作战系统
美国	"陆地勇士" Land Warrior	俄罗斯	"狼/士兵2000"计划 Project Wolf/Soldier 2000
以色列	"阿诺格"计划 Project Anog	德国	未来步兵 Future Infantryman
英国	"重拳"未来步兵技术 Future Integrated Soldier Technology	比利时	士兵转型系统 Belgian Soldier Transformation
法国	网络化装备步兵 Infantryman with Networked Equipment	荷兰	徒步士兵系统 Dutch Dismounted Soldier System
葡萄牙	未来士兵 Future Soldier	意大利	未来士兵 Future Soldier
西班牙	未来战士 Future Combatant	南非	非洲勇士 African Warrior

续表

国家	单兵作战系统	国家	单兵作战系统
捷克	21世纪士兵系统 21st Century Soldier System	挪威	北极模块化网络化士兵 Norwegian Modular Arctc Networked Soldier
瑞典	地面作战装备士兵 Ground Combat Equipped Soldier	斯洛文尼亚	21世纪武士 Slovenian Warrior of the 21st Century
斯洛伐克	先进综合作战系统 Advanced Integrated Fighting System	奥地利	新作战服 New Combat Dress
丹麦	未来士兵计划 Future Soldier Program		

随着单兵作战系统的快速发展和重要性日益凸显，对单兵电源系统的需求也变得越来越迫切。虽然电池能效在过去20年里变得越来越高，但是随着各种便携式设备的需求不断增长，便携式电源的需求也日益增加。为了满足作战需求，军队需要不断寻求更加高效、轻便和可靠的电源解决方案。根据2006年美国陆军的一项调查结果，完成5天任务平均消耗88节5号电池，一个步兵营每年在电池上的支出超过15万美元。同年，加拿大陆军在阿富汗"美杜莎"行动中，一个步兵排在执行为期2天巡逻任务中，平均每人电池负载量达3.76kg，其中近一半用于通信设备。到2011年，美军士兵完成为期3天的巡逻任务时，平均每人携带33节电池，总重量超过4.5kg。而到2012年，人均携带电池数量增长到50节，重量近8kg。可以看出，士兵在作战中所需的电池数量和重量逐年增加，对于单兵电源系统的研发和改进提出了更高的要求[19]。

目前，国内外在单兵电源系统研制方面开展了大量工作，推出了若干单兵电源产品，如表3-4所示[18]。综上所述，单兵电源产品研究方向将集中向"更小、更轻、更持久"的方向发展，以减轻士兵负重，使他们能够更好地执行军事任务。

第3章 世界军事装备中的先进电能源案例

表3-4 国内外主要单兵电源系统列表

产品	电池配置	连续工作时间	输出功率	重量	说明
美国单兵携行电源组件	锂离子电池	12h（待机30h）	最大20W	2.14lb[①]	用于"陆地勇士"（Land Warrior）
英国国防科技试验室单兵电源产品（PPS）	A1 甲醇燃料电池和锂电池	48h	平均7.2W，峰值功率30W	约1kg	英国ABSL公司
	A2 燃料电池	12h	平均100W，峰值150W	约3.6kg	美国QinetiQ公司和Jadoo公司
	B 袋状锂电池	—	—	—	—
加拿大士兵一体化系统项目（ISSP）电源产品	仿生能源采集器	不限	可以产生6~8W 再生电力（持续运动时间为10W，下坡时为10~12W）	约0.65kg	加拿大仿生电力公司
BTP-70822-3T 太阳能电池板充电器	太阳能电池	晴天	62W	1.14kg	美国Bren-Tronics公司

① 1lb≈0.45kg

续表

产品	电池配置	连续工作时间	输出功率	重量	说明
士兵便携式充电器(SPC)	太阳能电池	晴天	峰值204W	约0.49kg	英国ABSL公司
便携式可折叠太阳能电池板充电器	太阳能电池	晴天或雨天均工作	1.8A/30W	0.8kg	美国Powerfilm公司
便携式电源系统	太阳能电池和热电转换装置	—	—	约3.5kg	英国格拉斯哥大学联合拉夫堡大学,斯特拉斯克莱德大学等6所大学共同研发
士兵穿戴式电源管理器	锂离子电池	晴天或雨天均工作	120W	约0.41kg	美国Protonex公司
单兵可穿戴式综合电力设备系统(SWIPES)	锌空气电池或锂离子电池	24~36h	4~6W	2.2lb	美国Arotech公司
单兵背负式电源	锂离子电池	3h	最大20W	—	以色列
"电力骑士"便携式充电电池	燃料电池	72h	输出功率20W	约4kg	西安华迈电子科技公司

第 3 章 世界军事装备中的先进电能源案例

续表

产品	电池配置	连续工作时间	输出功率	重量	说明
液体循环式锌空气单兵电源	锌空气电池	100h	最大输出功率 20W	约 1kg	陕西锌霸动力有限公司
美军单兵便携能源装置	甲醇燃料电池	96h	平均 20W，最大 200W	约 4kg	德国 Smart Fuel Cell 和美国 DUPONT 公司
澳大利亚未来士兵能源收集系统	震动能量收集器	不限	—	约 4kg	澳大利亚 Commonwealth 公司

3.6　长时滞空的太阳鸟

随着空中作战武器和一体化防空系统的快速发展,有人驾驶战机在未来战场执行空中作战、对地轰炸与攻击将面临更大的风险和代价,战争损耗与政治风险将难以承受。相比之下,无人机具有低廉的生产、使用和维护成本,简便的操作使用条件,以及强大的全天候、全空域侦察打击能力,成为高度依赖连续、实时战场态势信息进行快速决策杀伤的"外科手术"式打击战术的重要支撑。因此,世界各国都在大力发展无人机作战装备,并开发了各种作战使用模式。无人机的出现已经改变了曾经在战场上作为次要作战装备的场景,其任务范围也从战场侦察和监视扩展到海域巡逻、反潜战、对舰(地)攻击、电子干扰、通信截听、目标精确定位、中继通信等领域,甚至扩展到压制敌防空系统、战区空中导弹防御以及对空(地)作战任务。

无人机具有以下特点[20]:

1. 以任务为中心设计

相比于有人机,无人机所体现出的一个比较大的优点是,它的设计出发点主要围绕任务中心开展,而不用考虑飞行员的因素。因此无人机的飞行速度、巡航高度、作战半径和机动性能够做出更多的选择和提升,大机动性能可以得到显著提升,可携带各种精确制导武器,可应用于多种作战场景,更容易提升隐身性能;同时很多受到威胁飞行员的生命安全、生理或人为因素限制的技术都能够在无人机的总体设计中大胆开展。

2. 机体结构简单,系统复杂

对于无人机本身来说,虽然其气动外形与有人机相同或大同小异,但由于不用飞行员驾驶操控,座舱及其配套的设备(如座椅、仪表和生命保障系统）就无须存在了。所以，无人机的结构比有人机要简单很多，可以采用模块化设计，以提高维护便利性和模块互换性。无人机整个系统却比较复杂。无人机系统一般包括无人机平台、地面站和数据链路。机载端系统包括信息存储与传输系统、信息感知与信息对抗系统、任务规划与管理系统、飞行器飞行控制与管理系统、能源管理系统、突防系统、自主起飞着陆系统等。地面站可以设置在地面，也可以设在飞行器、海面舰船或者地面方舱中。地面站的操控人员通过测控等设备，对无人机进行姿态控制和任务执行。在操控人员地面站指令控制下，无人机通过高精度的传感器和可靠的导航系统才能自主完成起飞、空中巡航、任务执行和降落等操作。

3. 可在危险环境作战

在非接触战争零伤亡的战略目标的驱动下，利用无人机代替有人机去完成那些危险系数极大的任务，免去了让飞行员直接面对危险的可能，有效地减少了人员伤亡。另外，有人机与无人机协同编队作战时，无人机可以在某些紧急情况下自我牺牲以保全有人机及飞行员。

4. 使用成本降低

无人机由于不需要座舱、显示器、环境控制和防护救生系统，降低了一部分设计和制造成本，更主要的节省在于它的使用与保障费用上。由于它在使用效率上要远远高于有人机，同时减少了培养高素质、技术成熟的飞行员的过程，在飞行员身上付出的费用有了很大的减少，所以在成本上体现出了一定优势。

电机驱动的优点之一是噪声低，并且不需要考虑油源、油路等问题。因此，各国对其进行了重视研究和利用。太阳能电池、锂电池和燃料电池是电机驱动的主要电力来源。超长航时太阳能无人机利用太阳能电池将光能转化为电能，一部分用于日间巡航，另一部分储存在储能电池中,用于夜间巡航。这一技术理论上突破了常规无人机无法实现的"永久"飞行限制,并成为无人机领域研究的热点。

太阳能无人机通过能源、动力两大系统将光能转化为机械能,其中能源系统由太阳能电池、储能电池和能源管理系统3个子系统构成,如图3-8所示[21]。每个系统相对独立又相互制约,其技术水平直接决定了无人机方案的可行性。

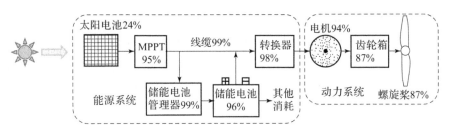

图3-8 太阳能无人机能源和动力系统

近年来,太阳能电池的研究集中在薄膜电池和GaAs电池上,最新的四结GaAs电池的效率已经达到了47.1%。而在硅电池领域,单晶硅电的效率提升幅度较小,目前最新产品的效率约为27.6%。本征薄层异质结(HIT)硅电池近年来取得了较快的进展,其性能有超越单晶硅电池的趋势。目前,太阳能电池的效率已经基本满足太阳能无人机的功率需求。然而,根据目前成功试飞的多架太阳能无人机的电池布置情况来看,太阳能电池的铺片率并未达到极限数值。在这种情况下,质量比功率参数变得更为重要。因此,更轻、更薄的太阳能电池将成为未来太阳能无人机电源的发展方向。选择太阳能作为无人装备动力的优势在于能够提高装备的自持力,但缺点是太阳能转换效率相对较低。因此,目前的研究主要集中在寻找合适的材料、减少反射损失和透射损失,并研究纳米结构、级联太阳电池以及最大功率点跟踪等方法,以提高太阳能转换效率[21]。

储能电池通常占太阳能无人机全机重量的30%以上,其中"Sunrise"和"Sky-sailor"无人机所使用的锂离子电池能量密度分别为145W·h/kg和170W·h/kg。然而,对于超长航时太阳能无人机而言,这样的能量密度无法满足实现不间断巡航的需求,因此装备这些

第3章 世界军事装备中的先进电能源案例

电池的太阳能无人机无法实现高空跨昼夜飞行[21]。

锂离子电池能量密度的提升建立在不断优化现有材料并寻找新材料组合的基础上。材料的选择决定了锂离子电池能量密度的理论值。正负极材料是锂离子电池的活性储能材料，提升能量密度的本质在于提升正负极的电势差和材料的比容量。为进一步提升锂离子电池的能量密度，正极材料需从以下方面进行考虑：①开发低电位下能实现高比能量的正极材料，如高镍正极材料、富锂锰基等正极材料。②提高正极材料的脱嵌锂电位，从而实现更高容量，例如高电压的 LCO、NCM 和富锂锰基层状氧化物等正极材料。③开发工作电压高的正极材料，如镍锰酸尖晶石正极（LNMO）。④开发能量密度较高的无锂正极材料如硫化物、FeF_3、CuF_2、FeS_2 和 MnO_2 等。未来负极材料的发展趋势为硅基负极及金属锂负极材料。

除了通过以上开发新材料的手段，还可以通过有效利用无人机的结构件，将结构件赋能，来提高太阳能无人机储能电池的储电能力。即通过储能材料的力学结构特性设计，给予储能器件力学特性。这种结构电池的设计理念是使用既具有电学性能，又具有一定力学性能的材料作为电池组件（比如碳纤维做负极以及集流体、固态电解质传输锂离子的同时传递载荷），然后将这些储能材料放置在具有力学特性的固态复合基体中，它可以像传统的结构复合材料一样进行加工制造，使其同时具有结构和储能特性。因此结构电池从某种意义上来说，也可以看作一种兼具力学性能和电学性能的多功能复合材料。与多功能结构不同的是，其力学承载相和储能功能相是融为一体、协同发生作用的，二者没有明显的物理边界，如图 3-9 所示。

如上所述，实现能源与结构一体化的途径，可以通过给储能器件赋予结构力学特性或给结构部件赋予能源特性（功能化）两种方式实现。由于能源器件相较于结构部件来说较为复杂，因此，对于结构一体化电池的

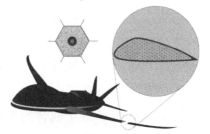

图 3-9 结构电池设计图

研发方向主要采取的是前者，即通过在材料以及器件层面增强储能器件的力学性能。

从整个结构电池技术发展历程可以看出，给储能器件赋予力学性能的科学问题是如何降低结构电池力和电的关联程度，实现力电解耦，消除使用过程中力学性能与电性能的相互不良影响。这种影响一方面来自于充放电过程中，锂离子反复的嵌入和脱出，造成的材料结构发生变化，产生应力，从而导致材料本身以及正负极材料与电解质界面裂纹产生，致使电池的力学性能下降；另一方面来自于电池在承受外力的作用下，电池组件界面破坏、电池变形导致电池电性能的劣化。此外，为了使电池同时具有结构和储能双重功能，结构电池的设计中摒弃了传统电池中虽然电性能优异但不具备力学特性的电池组件，比如高容量的负极材料、高离子电导率的液态电解液，转而采用具备较好力学性能，但电学性能稍差的碳纤维和固态电解质作为电池材料，这些材料的电学性能与力学性能是相互矛盾的，导致结构电池为了提升力学性能，在很大程度上牺牲了电学性能。

力电的解耦一方面可以实现力学性能与电性能的同步提升，另一方面可以消除使用过程中力学性能与电性能的相互影响，是结构电池设计的关键。使用单功能材料构筑力-电解耦的3D电池（如图3-10所示）是实现结构电池的可能途径之一。一方面，在解耦结构电池中，承力功能与储电功能分别由不同的材料来承担，这避免了充放电过程中材料晶体结构和体积的改变导致力学性能下降；同时电池活性材料也由于不承受外力，而保持电性能稳定，从而有效地解决力电耦合问题对结构电池多功能性能的影响。另一方面，以轻质、高强、多孔结构的导电骨架作为结构支撑，将储能材料以一定的方式填充到骨架中，形成三维立体电池，利用3D结构高比表面积、高材料负载量以及独特的序构，有效地提升了电池的能量与功率密度，打破了传统二维薄层电极中能量与功率相互耦合的壁垒，解决了能量致密存储与高效转化之间相互制约的问题。

第 3 章　世界军事装备中的先进电能源案例

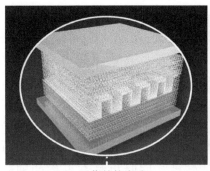
(a) 叉指结构电池

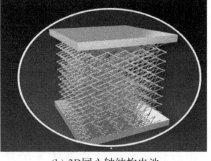
(b) 3D同心轴结构电池

图 3-10　3D 结构电池示意

随着世界各国对环境保护的重视和新能源技术的发展，高空长航时太阳能无人机面临前所未有的发展机遇，但同时也面临着严峻的技术挑战。相信随着太阳能电池和高比能量锂电池技术的发展，以及总体、气动、结构、强度和飞控等领域关键技术的突破，高空长航时太阳能无人机终将成为长时滞空的太阳鸟。

3.7　无人机超声速洲际巡航

毛主席在《七律二首·送瘟神》中写道："坐地日行八万里，巡天遥看一千河。"，感叹了宇宙的浩渺。其中，地球公转"日行八万里"，已经达到了超声速的水平。

当今时代，攻击和侦察是无人机在国防中主要起到的作用。其中，战争的成败与讯息传递的快慢及准确性密切相关。并且，随着世界各国国防科技水平飞速发展，察打一体无人机的超声速洲际巡航逐渐占据人们的视野。

首先，具备超声速巡航能力的无人机可以在更短时间内抵达作战区域或快速接近目标。其次，拥有超声速巡航能力的无人机可以极大地扩展机载武器的有效杀伤区域。

3.7.1 世界范围几款先进的超声速察打一体无人机

1. 英国"雷神"无人作战飞机

"雷神"察打一体无人战斗机是英国国防部和工业界合作研制的一款高科技隐身无人机,如图3-11所示[22]。它具有在敌方领空执行隐身情报收集、侦察和监测任务的功能特性,同时也具有不俗的洲际飞行、远程命中、智能识别等战斗功能。动力方面,采用1台劳斯莱斯公司生产的阿杜尔MK951涡扇发动机,最大起飞重量8t,最大飞行速度可达1235km/h。"雷神"无人作战飞机的隐身性能突出,并且在发动机如何嵌入机体中心和新型排气系统上实现了突破。另外,据报道,"雷神"无人作战飞机可实现高速洲际飞行。

图3-11 "雷神"察打一体无人战斗机

2. 土耳其"红苹果"无人作战飞机

"红苹果"无人机,如图3-12所示[23]。在性能方面,该无人机借鉴了高空长航时察打一体无人机的研制经验,同时重视对战场特性的开发。该型无人机配备有源相控阵雷达,采用无垂尾、合机翼设计,一定程度上降低了雷达信号特征,具备较强的隐身性能。

"红苹果"无人机具备短距起降能力,可由航空母舰或两栖攻击舰搭载。土耳其军方计划将该型无人机部署在两栖攻击舰"阿纳多卢"号上,打造首艘"无人机母舰"。

第 3 章 世界军事装备中的先进电能源案例

图 3-12 土耳其"红苹果"无人作战飞机

3. 我国无侦-8 超声速侦察无人机

2019 年国庆阅兵仪式上展出的无侦-8（WZ-8）超声速侦察无人机，如图 3-13 所示[24]。其超声速隐身功能极高、极快，不仅雷达难以发现，更让对方导弹也追不上打不着。

图 3-13 无侦-8 超声速侦察无人机

这款无人机的动力系统是它的一个突出亮点，采用火箭发动机替代喷气发动机。当今世界，研发在高超声速下运行的发动机是一个技术难题。采用火箭发动机，可以说是一个更优的动力方案。

据美媒报道和专家分析，无侦-8 的飞行速度最高可达 5 倍声速，巡航高度达到 4 万米，这是目前世界上大多数飞机和防空导弹系统都无法企及的。

这些世界上先进的大型超声速察打一体无人机动力都是以油机为

主，并加以优异的气动力学结构设计。不过，锂离子电池在一些小型的察打一体无人机中能发挥不小的作用。

3.7.2 运用锂电供能的小型察打一体无人机

中国企业在一次珠海航展上展出了一套代号叫"马蜂"的小型察打一体轰炸机。从外形上看，马蜂四旋翼无人机与市场上的消费级无人机有些相似，但其拥有更好的加速性、更高的飞行速度，以及更大的载弹量。在航展现场，吊在空中的马蜂小无人机，底部持有手榴弹武器，可对特定目标进行一定程度上的杀伤。

我国另一款"天羿"小型察打一体多旋翼无人机武器系统，如图3-14所示[25]。该无人机以小型四旋翼无人机为平台，集成小型机载智能火控系统、发射/空投多种形式毁伤弹药，对不同类型地面目标实施精确打击，并可空投战场物资以支援作战。该系统具有携带方便、任意地点起降、执行任务隐蔽性强、打击精度高、附带伤亡小等显著优势，适用于非对称作战、反恐作战、特种作战、巷战等多种作战场景，能够为士兵提供空中支援，大幅提升作战效能，降低士兵伤亡风险。

图3-14 "天羿"小型察打一体无人机

3.7.3 无人机用电池的未来发展方向

目前主流的小型和微型无人机均采用聚合物锂离子电池作为其主

要电源。聚合物锂电池具有能量密度高、更小型化、厚度薄、质量轻，以及高安全性和低成本等多种明显优势。在形状上，聚合物锂电池具有超薄化特征，可以配合各种产品的需要，制作成任何形状与容量的电池。它的外包装为铝塑包装，有别于液态锂电的金属外壳，内部质量隐患可立即通过外包装变形而显示出来，比如鼓胀。

然而，军用无人机以锂离子电池为动力源，续航时间是制约军用无人装备实战化应用的最大问题。因此，高比能、大容量锂电池的研发十分必要。随着能量密度不断提高，相同体积或重量条件下电池所蕴含的能量更大，可全面提升无人机的续航时间与续航里程。此外，高比功率的锂电池在军事领域也很重要，在特殊场合，军事装备需要瞬时进入高功耗状态以满足情况需求。那么应该从哪些方面入手去提升锂电池这些方面的性能呢？

高比功率电池，通俗地来说就是通过提高工作电压和降低内阻，以实现稳定的快充与快放，因此该方面的主要优化方向是实现离子和电子的快速传输以及快速传输下材料及其界面结构的稳定性。

对于提升电池的功率，首先可以从电极材料的颗粒尺寸入手，纳米尺度的粒子缩短了锂离子和电子的扩散路径，提高了锂离子和电子的传输速率，同时电极材料的纳米化增加了电极材料和电解液的接触面积，提高了界面锂离子的流通量。例如，研究人员用水热法制成$LiNi_{0.5}Mn_{1.5}O_4$纳米颗粒，并且与碳纳米管（CNT）复合，在3.5～5.0V电压范围内以及20C电流下充放电仍有80%的容量保持率，10C电流循环100次后容量无明显衰减[26]。

其次，界面处的优化也值得考虑，界面处的离子转移阻力在整个电池反应动力学中占了一个比较主要的位置，通过表面包覆修饰以及复合等改性手段能提升电导率。例如，在钴酸锂表面包覆一层$Li_{1.4}Al_{0.4}Ti_{1.6}(PO_4)_3$，能有效提高其在4.5V高电压下的倍率性能与循环稳定性[27]。

此外，从电解液方向入手，配制出合适的锂盐和溶剂以及选择恰当的导电添加剂能有效提高电导率。

对于容量来说，当然也可以从正负极以及电解质的材料改性上入手，但这类方法对于续航性能的提升并不能带来质的飞跃。

其次，虽然目前液态电解质锂电池的技术比较成熟，但是半固态甚至全固态电池是目前行业公认有望突破电化学储能技术瓶颈、满足未来发展需求的新兴技术方向之一。相比于目前已经被广泛应用的几类锂电池，固态电池有望实现更高的能量密度，能达到液态电池的两至三倍甚至以上，此外其还有高功率密度、循环寿命以及安全可靠性等优点。半固态甚至全固态电池应用在小型察打一体无人机上，不仅可以减轻自身重量，提升载弹量，还可以拥有更长的续航时间。

就目前的技术而言，半固态电池应用在无人机上的综合性能暂时是更好的。据报道，美国马萨诸塞州的"固体能源系统公司"称，很多企业试图找到百分之百完美的固体电池技术，虽然固体电池能量密度约为 $500W·h/kg$，是传统锂离子电池的两倍，但是只能重复充电 200 次（传统电池重复次数接近 1000 次）。该公司认为半固态电池目前是十分值得探索的，他们将纯锂箔制成的超薄阳极涂上一层混合聚合物陶瓷电解质，以使锂盐在室温下传导离子。这些新设计使电池的能量密度达到传统电池的两倍，而且可以重复充电两万次。目前使用传统电池只能维持 20min 飞行的先进无人机，借助公司新电池能飞行 40min 或更长时间。新技术还使用了增塑剂来防止开裂，同时解决了固态电池常见的电池界面破裂问题。

此外，我国高新技术企业深圳市格瑞普电池有限公司的半固态电池能量密度最理想可达到 $300W·h/kg$，高电压版本的半固态电池会拥有更高的能量密度。在容量相同的情况下，格瑞普的半固态电池重量降低 15%，可使得无人机的飞行时间增加 30%。中山市世豹新能源公司热销型号无人机半固态电池的能量密度，高达 $275W·h/kg$，采用高压电芯的高端型号还能实现更高能量密度。相较常见无人机电池（普遍在 $220W·h/kg$），续航能力提升了 25% 以上，直流的内阻减少了 40%，重量还降低约 10%，大比例增加了无人机飞行时间，外形尺寸也较常见锂聚合物无人机电池减少 5%。

如今固态电池存在一些技术上的难点，主要有以下两点：①电导率问题；②电解质与电极界面稳定性问题。不过，中国工程院院士陈立泉在2021年的一次会议论坛上指出，现在一部分固态电池产品已经供给无人机使用，电池安全性都通过了测试。它的原材料包括硅碳负极已经批量生产，同时固态电池所需要的涂固态电解质材料的隔膜也可以批量生产。如果全固态电池能够实现一定规模的应用，无人机续航能力会进一步提升。

总的来说，对于解决察打一体无人机的续航问题，固态电池的应用是一个非常值得关注的方向。

3.8　空天一体飞行器

自20世纪90年代以来，空天技术与信息技术的结合，使得局部战争呈现出明显的信息化和空天一体化趋势。这种趋势在近年来爆发的几场战争中更加明显。美国和北约在海湾战争和利比亚战争中，均通过空袭开始战争行动，而空天侦察平台也始终在监视作战对手。空天一体战是一种综合运用军事航空、航天力量，在空天领域共同实施的一体化作战行动，因此空天力量的无缝链接是空天一体战的重要特点。空天一体作战形式的出现催生了武器装备空天一体化的发展趋势，特别是外层空间的特殊物理环境决定了空天一体作战对武器装备的依赖性更强。因此，全面提升空天安全和空天一体作战能力，就必须利用信息链条将空天范围内各种作战力量融合为一个有机整体，协调一致行动。世界军事强国在建设空天力量时都特别注重发展先进的空天一体武器装备，以适应空天一体作战的需要。

在20世纪80年代初，美国国家空天飞机计划（NASP）提出开发代号为X-30的单级入轨空天飞行器验证机，但由于技术难度大等原因在1996年下马。此后，美国的洛克希德·马丁公司开始研发代号为X-33的可重复使用运载器技术验证飞行器，并于1999年7月进行了第一次飞行。但由于技术难度太大未能成功,该计划在2001年被取消。

同一时期,德国提出了桑格尔两级航天器计划,采用两级入轨方式绕过单级入轨的技术难点,但在20世纪末该计划被中止。1986年俄罗斯图波列夫计划局开始研发图-2000高超声速飞机,但只制造过一架试验机。20世纪80年代初英国提出了水平起降(HOTOL)单级入轨空天飞行器研究计划,但由于资金短缺等原因被搁浅。在霍托尔的研究成果基础上,英国于1989年开始了云霄塔(Skylon)空天飞行器的研究。法国达索公司在20世纪90年代提出了Star-H两级入轨空天飞行器方案。

1996年,美国国家航空航天局(NASA)提出了X-37计划,并于2010年4月完成了全新空天飞行器X-37B的首飞,如图3-15所示[28]。目前,X-37B已进行了5次飞行,其中第4次于2015年5月发射升空,并于2017年5月在佛罗里达州的肯尼迪航天中心着陆,在轨时间长达718天。2017年9月7日,X-37B进行了第5次发射升空,已在轨运行超过700天。X-37B主要用于技术演示验证和试验,很可能被用于对新型可重复使用运载火箭技术进行飞行试验、对天基遥感用的新型传感器技术和卫星硬件进行在轨测试,或进行轨道核查、修理和回收在轨航天器。

图3-15 美军X-37B空天飞机

第 3 章 世界军事装备中的先进电能源案例

2014 年 7 月，DARPA 指派波音公司、麦斯滕公司和诺斯罗普·格鲁曼公司分别进行 XS-1 试验航天飞机概念研究，旨在发展两级入轨运载系统，降低中型卫星发射成本，但该项目却因波音公司在 2020 年退出而宣告终结。2015 年 2 月 11 日，欧洲航天局过渡试验飞行器（IXV）成功实施再入飞行试验，验证了升力体飞行器的高超声速和无动力再入机动飞行等关键技术。"太空骑士"（Space Rider）以 IXV 为基础，面向无人任务和常规访问低地球轨道进行设计开发，现已进入测试、建造和组装模型阶段，预计将于 2024 年第四季度首次发射。2014 年 10 月 31 日，美国太空船 2 号由"白骑士"2 号进行第 4 次有动力飞行试验时发动机爆炸，试验失败。然而，2018 年 12 月 13 日，第 2 架太空船 2 号成功进行了动力飞行试验。

多电飞机技术是一项重要的技术，它能够将航空器中的二次能源（如气动、液压等）转化为电能，从而提升飞行器的整体性能和系统结构。相比于传统的航空器，多电飞机技术具有能源转化效率高、燃料消耗少、灵活可靠等优点而备受关注。目前，波音 787、空客 A350、F-35 战机以及国产 C919 客机等商业飞机已经采用了多电飞机技术。在多电飞机技术中，推进电源系统起着关键作用。通过将传统的燃油发电机替换为蓄电池、燃料电池、氢能等清洁能源，能够显著提高飞机的电能转换效率、减少碳排放，优化飞机的能源结构。这些因素正在推动多电飞机向全电化和电推进的趋势发展。近年来，国内外的研究机构已经开始研发成熟的中小型飞机推进电源系统方案。例如，NASA 的全电推进飞机 X-57，采用了 14 个电动发动机，是目前全球最先进的电动飞机之一。空客公司和劳斯莱斯公司共同推出的 E-FanX 混合电推进飞机则是将传统燃油发动机和电动发动机结合起来，实现了电能和传统燃料的双重驱动。辽宁通用航空研究院研制的瑞翔 RX1E 双座电动轻型飞机是中国自主研发的电动飞机之一，采用了先进的永磁同步电机和高能量密度的锂离子电池，飞行时间达 50min。电动飞机动力推进系统分类如图 3-16 所示[29]。

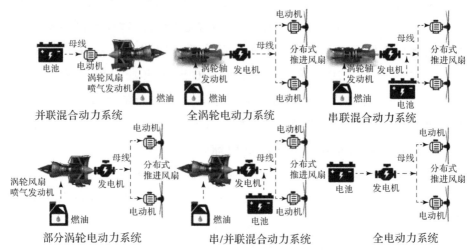

图 3-16 电动飞机动力推进系统架构

混合动力架构是将多种动力系统进行集成和优化，以提高整体系统的效率和可靠性。其中混合电动架构在飞机领域的应用越来越广泛。在串联混合架构中，涡轮轴上产生的所有功率都转换为电能，电池和涡轮发动机共同驱动电动机，以驱动推进风扇。相比之下，在并联混合动力系统中，电动机和涡轮发动机都安装在同一个推进风扇轴上，因此风扇可以由两种能源独立驱动，同时该系统可以采用部分推进风扇直接由燃气轮机（即涡轮风扇）驱动，而其他推进风扇由电动机驱动，实现优化配置。

涡轮电动力系统则是在不使用储能电源的情况下，利用喷气燃料中的化学能提供推进动力。部分涡轮电推进系统可以将涡轮轴功率的一部分用于直接驱动涡轮风扇工作，其余部分由发电机转换成电能，并驱动分布式推进风扇工作。而在全涡轮电推进系统中，涡轮轴功率将全部由发电机转化成电能进而驱动推进风扇工作。这种涡轮电动力系统具有重量轻、功率密度高、使用燃料范围广等特点，是未来飞机动力系统的重要发展方向。

全电动力系统则采用电化学储能，通常是电池作为动力源驱动电机运转。然而，采用全电动推进方案飞机的尺寸与电池的能量密度密切相关。因此，未来全电动力系统的发展方向主要集中在提高电池能量密度、降低电池重量，以及改进充电技术和电池管理系统。

3.9 星链电能源

3.9.1 什么是星链计划

第四次产业革命的迅猛发展以及关键技术的快速更迭，致使太空逐渐成为各国争相竞争的新"角斗场"。太空探索技术（SpaceX）、亚马逊、一网（OneWeb）、轨星（LeoSat）、加拿大运营商电信卫星（Telesat）等公司纷纷计划打造低轨卫星星座，引发卫星互联网发展的热潮。这不仅加剧了太空领域的国际竞争和博弈，更带来了太空垃圾、卫星碰撞、天文观测等诸多太空安全的问题。

在诸多发展卫星互联网的计划中，星链（Starlink）计划无疑是规模最大、最成功的。星链计划由美国太空探索技术公司自2015年提出，作为美国在太空战略计划中迈出的关键一步，星链计划拥有多项先进科技优势，存在广阔的应用市场和商业空间，其目的是打造由美国技术主导的全球卫星互联网通信系统。随着与美国军方的深度合作并频发卫星，星链计划已累计发射6473颗卫星（截止到2022年10月），并还将发射约3万颗"第二代星链星座"。积极抢占近地轨道空间频谱资源，不仅会出现外层空间资源被美国技术强势剥夺的问题，同时还为美国制霸全球提供强有力协助。从星链计划出发，人们开始探索低轨卫星的技术特点、对军事战略的影响，并探讨未来空间电能源系统的发展趋势，以及如何结合电能源发展新型的集侦察、探测、防护一体的卫星的应对措施。

3.9.2 星链计划的内容及技术特点

星链计划是一项利用人造地球卫星作为中继站来转发无线电波而

实现的多终端之间的通信服务,由用户终端、卫星以及地面网关三大组件组成,如图3-17所示[30]。用户利用用户终端连接卫星,用户终端是指安装在户外的小型卫星天线。主要频段为 12~18GHz 的 Ku 频段、27~40GHz 的 Ka 频段以及 40~75GHz 的 V 频段。通过这些频段,卫星与地面站完成必要的上行链路数据发送和下行链路数据返还便可实现信号传输。后续随着卫星升级,可利用激光实现星间激光链路网络,不再需要地面作为中继站,实现全地域、全时段、高速率的网络服务。

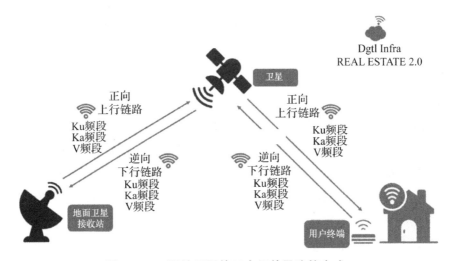

图 3-17 星链卫星的三大组件及连接方式

星链计划利用庞大的低轨卫星互联网络,实现了星间/星地无线的信息传输,与地面互联网通信相比,具备一系列的优势和特点,具体如下:

(1)发射成本低。星链计划采用 SpaceX 自行研发的"猎鹰"9 号运载火箭,一次可搭载 60 颗卫星,卫星质量仅约 500lb(227kg),同时火箭能够回收进行重复利用,火箭发射成本从 3000 万美元/次降低到 1700 万美元/次。

(2)组网规模大。根据 SpaceX 公司的建设方案及修改计划,星链计划的卫星规模达到 4.2 万颗,远超于美国亚马逊的柯伊伯、韩国三星的太空互联网以及英国的一网等项目。随着更多国家投放近地轨道的卫星，也迫使近地轨道太空资源争夺愈演愈烈。

（3）覆盖范围广。目前地面基站受到地形地貌、成本等问题的影响，全球仅有5%的海洋面积和20%的陆地面积覆盖了通信基站。卫星互联网突破了地面基站的固定连接限制，通过太空基站的动态覆盖模式，打破了人迹罕至的山川冰河和茫茫大海难以通信的限制，实现全球连接。

（4）通信速度快。星链计划利用电磁波进行信号的传输，电磁波在空气中的传播速度是光纤的1.5倍。同时，星链通过空地间点对点传输，而光纤受限于地形地貌。SpaceX公司宣称，星链计划可提供1Gbps带宽的互联网服务，通信延迟可降至20ms。

（5）商业价值大。GSMA移动智库显示，2020年全球将近一半人口仍无法上网，到2025年，约有40%人口无法上网。同时，航空、远洋、野外、灾难、战争等环境下的网络信号薄弱或空缺，使得低轨道卫星网络的星链计划能够大显身手。马斯克曾预言星链计划的宽带网络收入将超过300亿美元/年。

（6）军事用途广。星链计划虽定位为商业卫星互联网，但其与美国空军关系密切，美国军方提供了大量资金支持将应用场景拓展到军用领域，加之部分发射场建在美国范登堡空军基地中，使其通信、导航、低时延、覆盖广等方面的优势都为美军开展军事行动带来很大便利，其在军事领域中的应用价值将逐渐凸显。星链卫星可搭载侦察、导航、气象等载荷，从而在侦察遥感、通信中继、导航定位、打击碰撞、太空遮蔽等方面，增强美军作战能力。

在俄乌冲突中，SpaceX为乌输送大量"星链"卫星通信终端，提供高速互联网服务。除支持通信外，专家推测，"星链"与无人机交叉互动，利用大数据和人脸识别技术，可能已介入乌对俄的有关军事行动。

全面建成之后，星链可在全球实施全天时无缝侦察和监视，使战场态势对美单向透明，让美掌握态势感知主动权；可提供覆盖全球的大带宽、高速率军事通信服务，为美军构建起覆盖无人机、战略轰炸机、核潜艇等作战平台的强大指挥通信网；可显著提升定位精度和抗干扰能力，为远程精确打击提供更精准导航定位信息，提高毁伤效能；可搭载天基武器系统，甚至直接作为武器平台，成为遍布太空的"智能卵石"，威胁他国航天器的安全。可见，"星链"项目的军事化应用，很可能使美军占据未来战场的主动，成为美国称霸太空的"杀手锏"。

3.9.3 卫星电能源设想

能源作为现代生活的生命线，在卫星、飞船等航天飞行器中同样扮演着心脏的角色。卫星的正常运转包括诸多电子设备的运行都离不开电能，同时卫星的故障问题大部分都是由于电源失稳造成。卫星电能源由发电、电能储存、电源电压变化以及电源功率调节等装置构成。随着科技的发展，电源功率也由最初的几十瓦增加到几十千瓦。卫星的电能源又可分为太阳能电池电源、锂离子蓄电池为主的化学电源以及核电源等多种。

1. 太阳能电池

太阳能作为一种取之不尽、用之不竭的能源，已成为长寿命卫星系统的电能源首选。卫星面向太阳伸展的柔性太阳能帆板，利用半导体材料的光电效应将太阳能转换成电能。以星链卫星为例，其在轨运行时，会在阳照区与背阴区间不断穿梭。而其能源便主要源自太阳能帆板在阳照区收集到的太阳能，星链卫星的单翼太阳能帆板展开尺寸为 $4m \times 15m$。对轨道倾角为 $53°$、$97.5°$、$70°$ 的三颗星链卫星进行了日照时间分析。数据表明，在 2022 年 4 月 10 日到 17 日的 168h 内，$53°$ 倾角的卫星总日照时长为 119.38h，比例为 71.06%，平均每次日照时长为 1.14h。倾角 $97.5°$ 和 $70°$ 的星链卫星总体日照比例略有差异，分别为 65.21%、79.38%。其中 $70°$ 倾角的卫星明显有更长的光照时长，主要是源自其更高的绕地轨道（570km，其余为 550km）。经测

第 3 章　世界军事装备中的先进电能源案例

算,在阳照区太阳直射时(即太阳入射角与帆板面垂直时)充电功率为 12~15kW,考虑到星链卫星没有对日定向,在轨道运行过程中每圈光照角变化很大,预计平均充电功率为 5kW,在满负荷工作时 1.0 版本的星链卫星其用户链路和馈电链路总耗电为 1kW,占据整个星能源的 14.21%。

2. 锂离子储能电池

当无法获取太阳能时,卫星的正常供电便需要利用其他能源系统提供。蓄电池可在化学能和电能之间相互转换,成为了结合太阳翼构成电池阵列的最优选项。当卫星在阳照区时,柔性太阳翼不仅为卫星供电,又为蓄电池充电,将电能源储存起来,为背阴区卫星的正常运转提供能源。

锂离子储能电池由于具备高能量密度和平台电压、低自放电率和记忆效应、长循环日历寿命以及强环境友好性等突出优势,已占据能源市场的主要份额。尤其是其能量密度高的特点,对于轻量化的卫星系统来说,成为不二选择。

目前,锂离子电池凭借上述优势被广泛应用于飞机、卫星、空间站、星球探测车等航空航天装备中。从最初装载于小型航天器和卫星上,电池的比能量设计值分布在 80~110W·h/kg 之间;到锂离子电池技术的进一步优化和成熟,一些高轨卫星也逐渐使用了锂离子电池作为储能设备。2004 年,欧洲航天局发射的 W3A 卫星,标志着锂离子电池首次在高轨太空环境中取得了成功应用。此后,锂离子电池不断在高轨卫星上得到应用,如 Hispasat 发射的 Amazonas 卫星、英国国防部所属的 Skynet 5 系列卫星等。同低轨卫星相比,高轨卫星两次充电之间的间隔期较长,对电池容量要求更高,因此锂离子电池能量密度大的优势也就越明显。一般采用锂离子电池作为储能设备相比传统蓄电池,将会减重 200~500kg。所以,对于高轨道卫星或深空探测器等对储能量要求比较大的航天器,锂离子电池在能量密度上的优势更为凸显。

3. 核电池

核能作为未来的清洁能源之一，具备不受外界条件限制、长寿命、大功率、高可靠性等优点。但核能的获取条件极为苛刻，核裂变仍需要能源进行推动，只有核聚变才能做到无限供应的能源系统。而核裂变却是核聚变的前提，因此核能获取难度大的问题成为推广的主要阻力。

4. 太空太阳能电站与微波能量传输

太空中阳光强度是地面的 5~10 倍，并且全时段的太阳照射，可提供恒定而没有污染的能量，使得人们将获取太阳能的地点瞄准到了外太空。但除了要攻克如何在太空建设太阳能电站外，如何将能源由外太空传输回地面成为了最大的难题。多年以来，电磁波作为传输信号的载体，被广泛用于通信、遥感、探测等系统中。那么电磁波是否能成为传输能源的载体？1964 年 W. C. Brown 用微波波束驱动直升机模型浮空飞行，至此开辟了电磁波应用的新领域：微波能量传输。正是基于微波能量传输技术，1968 年 Glaser 博士提出了空间太阳能电站的概念。从此，空间太阳能电站和微波能量传输技术变得密不可分，相辅相成。

空间太阳能电站的研究随着科技发展而持续升温。美国最早提出"1979SPS 基准系统"方案，并于 1999 年重新介入空间太阳能问题。2012 年，NASA 提出了"任意大规模相控阵式空间太阳能电站"阿尔法（SSPS-ALPHA）方案。随后，美国诺斯罗普·格鲁曼公司与加州理工大学签署了一项总额为 1750 万美元的空间太阳能电站技术研发合同。日本后来居上，已成为世界最前沿的研究者之一，提出了独特的分布式绳系太阳能电站理念，制定了"研究-研发-商业"三阶段的远景发展路线图。2015 年，日本开展了 55m 距离的微波无线传能试验，验证了基于 5.8GHz 频率、固态源和相控阵体制下的传输，传输效率为 9.88%，在微波无线能量传输技术方面暂时处于世界领先地位。

第3章 世界军事装备中的先进电能源案例

不过日本试验系统缺乏光到电转换的过程,不是全链路完备的系统。2013年,我国开始推动中国空间太阳能电站研究工作,并命名为"逐日工程"。目前,中国空间太阳能电站研究主要分地面端和卫星端两部分进行开展。从地面验证端来看,段宝岩院士的"逐日工程"团队提出了欧米伽(OMEGA)空间太阳能电站设计方案,如图3-18所示[31],并于2022年6月14日通过验收。这标志着从跟日、聚光、光电转换、微波发射到微波接收整流等完整过程的成功,也意味着我国实现了将太阳能从外太空无线传输到地球这一革命性技术的成功。从卫星传输来看,我国提出"两大步,三小步"发展设想,如图3-19所示[32]。该设想计划在2028年完成空间高压发电输电及无线能量传输试验任务,到2030年前分别完成空间太阳能电站关键技术地面及浮空器试验验证、空间超高压发电输电及轨道间能量传输试验验证和空间无线能量对地传输试验验证。到2050年前,分别建设MW级空间太阳能电站验证系统和GW级商业空间太阳能电站。

图3-18 空间太阳能电站地面验证系统

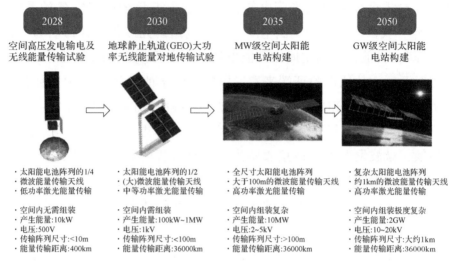

图 3-19 空间太阳能电站分阶段任务

空间太阳能电站的研发是能源领域的"曼哈顿工程"。在未来，空间太阳能电站不仅能成为轨道卫星的"太空充电桩"，更能够成为军民两大领域的"无线充电桩"。这意味包括极端气候、突发事件中的无线供电，以及对军用卫星、空间武器、大型舰船、地面军事设施的无线供电等，可确保持续、灵活、可靠、实时的能源供应，保障国家安全。

3.9.4 应对措施

基于星链计划的影响，需要从低轨卫星反制以及卫星电能源系统构建两方面思考：对于低轨卫星而言，需要持续推进与国际社会的合作，加快我国低轨卫星网络的建设，增强应对能力。星链计划与5G通信相比，其覆盖范围和分布更为广泛，可以作为与5G通信的互补建设。未来要继续开发更先进的移动通信技术，筑牢网络安全防线，提升通信安全保障能力。同时，星链计划势必会帮助美军在未来作战中"如虎添翼"。对我军而言，要想掌握未来信息化战争的主动权、维护网络安全，必须要注重新型作战理论的研究，健全完善作战理论创新成果转化机制。同时,我们要加速布局我国卫星网络系统——"天基互联网系统"(也叫"虹云工程"),切勿让美国在太空资源中"跑马圈地"。

对于卫星电能源系统的构建,需要两手抓。不仅要对已具备一定基础、广泛应用的太阳能电池技术、储能电池技术进行深入研发,还要对未来创新的微波能量传输技术、空间太阳能发电站技术持续研究和突破。具体是研发具备更高转换效率的太阳能电池材料,开发安全高能长寿命的储能电池,进一步提高能量密度,在同质量情况下安装侦察、防护、攻击模块,打造具备多功能一体化的卫星系统。同时,力争在能源传输中走在第一位,开发出高转化效率的电磁波传输技术,为未来国防安全打下坚实基础。

3.10 高能武器:从固定到机动

20 世纪 80 年代末期以来,在国际公约禁止或限制使用核武器、生物武器、化学武器等大规模杀伤性武器的背景下,高能武器概念以及相关的技术得到了迅速发展。这类武器的工作原理和杀伤机理显著区别于传统武器,且能够大幅提高作战效能。目前,高能武器主要可分为两大类。一是以激光武器、微波武器和粒子束武器等为代表的定向能武器,二是以电磁枪炮为代表的动能武器。这些高能武器均由电能驱动,为了保障杀伤能力和作战效能,其对电能源功率密度和能量密度的要求,远远高于武器装备中仪表电源和动力电源的水平。同时,在各类新型作战模式下,高能武器搭载平台需要由初期的陆基固定平台、大型舰船向无人战车、无人机、卫星等高机动平台,甚至手持式武器系统发展,对电能源系统的比特性,尤其是功率密度提出了更为极致的要求。在各类定向能武器中,粒子束武器尚处在探索阶段,激光武器和高功率微波武器发展较快,已有激光干扰与致盲武器实现了列装应用。此处重点围绕激光武器、微波武器和电磁枪炮 3 类高能武器，分析其面向高机动平台实用化列装的电能源需求，以及备选电能源系统解决方案和关键技术发展趋势。

3.10.1　激光武器

激光武器是利用高亮度强激光束携带的巨大能量摧毁、杀伤敌方飞机、导弹、卫星和人员等目标或使之失能的武器，具有指令相对快、命中精度高、转移火力快、抗电磁干扰、可多次重复使用、作战效费比高等优点。美、俄、英、德、法、以色列等许多西方国家以及我国都在积极发展激光武器。经过30多年发展，激光武器已经日趋成熟并将在未来战场上发挥日益重要的作用[33]。高亮度激光束照射目标表面后的热烧蚀及其次生作用是激光武器主要的毁伤机理。这里引用一个简单的估算：

假设我们要使用激光武器攻破10cm厚的纯钛装甲。钛的汽化热是425kJ/mol，分子质量约48，密度取4.5g/cm^3，则单位体积纯钛装甲的汽化热大约为40kJ/cm^3。按照激光镜头面积7.5m，10nm波长紫外激光，以及期望打击距离30000km（这个距离远大于我们目前可触及的技术能力，但可能是天基武器的必要能力）来估算，则目标处的激光束斑面积为12.5cm^2，烧穿总能量为5000kJ。如果要求1s烧穿，那么功率就是5MW。

虽然美国波音公司开发的"激光复仇者"系统使用千瓦级别的激光武器[34]，已能够有效实现旋翼式无人机等低、小、慢目标的抵近毁伤或失能，但面向战术级、战略级激光武器的发展目标，上述估算是合理的。参照美军标准，战术激光武器的功率为数十至100kW，战略激光武器的功率则期望至少高于1MW。根据洛克希德·马丁公司官网信息，美军舰载高能激光和集成光学防护装置（Helios）功率为60~150kW[35]。2022年9月16日，洛克希德·马丁公司宣布，在五角大楼高能激光缩放计划（HELSI）支持下，已经成功开发并向国防部交付了一台300kW的激光器。

3.10.2 高功率微波武器

高功率微波(High Power Microwave, HPM)是一种强电磁脉冲,具有高频率、短脉冲(几十纳秒)和高功率等特点,其频率范围为 1~300GHz,峰值功率高于 100MW。高功率微波武器经高增益定向辐射天线,将微波源产生的微波能量聚集在波束内,以极高的强度照射目标,杀伤人员,干扰和破坏武器系统的电子设备。

20 世纪 70 年代以来,美、英、法、德、日和苏联等军事大国竞相开展高功率微波武器杀伤机理的研究。进入 80 年代,由于高功率微波源理论与技术取得了突破性进展,高功率微波武器已从实验室阶段转入实用化阶段。美国研制的窄带电磁脉冲武器的微波源在额定频率为 1GHz 时峰值功率大于 1GW,脉冲能量超过 300J,最大平均功率 1MW,1km 距离处目标上的功率密度大于 $100W/cm^2$。俄罗斯研制的机动防空微波武器系统辐射峰值 1GW、脉宽 5ns、重复频率 100Hz,在 1km 处的功率密度为 $400W/cm^{2[36]}$。

3.10.3 电磁枪炮

电磁枪炮通过电磁原理发射出超高速运动的弹头(弹丸),利用弹头的巨大动能,以直接碰撞方式摧毁目标的武器装备。电磁发射装置的电流峰值高达数兆安,加速时间约为几毫秒至十几毫秒。强脉冲电源系统是电磁发射系统的重要组成部分,在其中体积和质量占比最大,是制约电磁发射技术轻量化、小型化发展的重要因素之一。

目前,基于物理电容器的储能系统的能量密度水平仅在 $1J/cm^3$ 左右。假设电磁轨道炮单发发射需要的电能为 30MJ,电磁发射的转换效率为 30%,则每次发射的电能需求为 100MJ。若采用电容器构建高功率脉冲电源系统,仅储能电容器就需要占据 $100m^3$ 以上的空间,再考虑其他控制和辅助部件,系统体积不会小于 $200m^3$。如果要获得较高的持续射速,还必须进一步扩展电容器系统规模。即使对于空间充裕的舰艇平台而言,这也是很难接受的[37]。

3.10.4 高功率脉冲电源

高功率脉冲电源的小型化和轻量化是目前制约各国高能武器发展的主要技术难题之一。表3-5给出了激光武器、高功率微波和电磁枪炮武器系统对电源系统的要求。

表3-5 武器系统对电源系统的要求

名称	功率	能量	电流	电压	工作时长
激光武器	kW级~MW级	10MJ级~100MJ级	kA级~MA级	100MV级	脉宽μs级,照射时长10s级~100s级
高功率微波武器	GW级	100J级~kJ级	10kA级	MV级	脉宽ns级,照射时长秒级
电磁枪炮	GW级	10MJ级~1000MJ级	100MA级	kV级	脉宽10ms级

数十年来,各国采用电容储能器和电感储能器等技术途径,发展高功率脉冲电源系统。表3-6给出了各种脉冲功率系统的未来可实现的性能指标比较。

表3-6 各种脉冲功率系统的未来可实现的性能指标比较

电源种类	功率密度 kW/cm³	储能密度 J/cm³	脉宽	工程化集成度	工程应用制约条件
电容储能型脉冲电源	~100	1~5	μs级~ms级	系统级	需初始电源系统储能密度低

第3章　世界军事装备中的先进电能源案例

续表

电源种类	功率密度 kW/cc	储能密度 J/cm³	脉宽	工程化集成度	工程应用制约条件
电感储能型脉冲电源	~10	~50	ms级~s级	XRAM：系统级 脉冲变压器：模块级	需初始电源系统 开关关断应力高
超高功率脉冲磁流体发电机	~1000	~100	μs级~ms级	系统级	包括一次能源 储能密度高

　　电容器储能系统是目前比较成熟和应用较多的脉冲功率系统。它具有模块化、组装快速等特点，主要缺点是储能密度低。目前，国内外电容器储能密度水平基本保持持平，约为 $1.5 J/cm^3$，包括热管理模块的储能系统能量密度为 $0.8 \sim 1.0 J/cm^3$。基于储能电容器的高功率脉冲电源系统，储能容量过小，模块数量多，系统复杂性高。随着系统储能规模扩展，电容器储能模块数量增加，对开关管的电压应力、电流应力提出了更高要求。

　　电感具备较高的储能密度。与电容储能相比，电感可由初级电源直接供能，无需高压转换设备。电感储能技术应用的最大的问题是在能量导出与控制过程中需要关断大电感电流，由于电流的突变和充电回路中的漏磁场能量，使得在关断开关两端会产生很大的电压应力而超出半导体开关所能承受的范围。

　　超高功率脉冲磁流体发电机是一种新兴的高功率脉冲电源技术，具有功率密度和储能密度"双高"、响应速度快等特点，小型化和轻量化潜力高。该技术目前处于工程化关键发展阶段，未来有望应用于多种高能武器。

参考文献

[1] 司古. 海洋深处看杀手——潜艇漫谈[J]. 科学大众(中学版),2007(10):26-28.

[2] 莫知. 潜艇风云500年[J]. 海洋世界,2010(10):14-27.

[3] 吴天元,江丽霞,崔光磊. 水下观测和探测装备能源供给技术现状与发展趋势[J]. 中国科学院院刊,2022,37(07):898-909.

[4] 戴国群,陈性保,胡晨. 锂离子电池在深潜器上的应用现状及发展趋势[J]. 电源技术,2015,39(08):1768-1772.

[5] Mendez A, Leo T J, Herreros M A. Current state of technology of fuel cell power systems for autonomous underwater vehicles[J]. Energies,2014,7(7):4676-4693.

[6] 荆有泽,刘志伟. UUV用动力电池现状及其发展趋势[J]. 电源技术,2019,43(06):1073-1076.

[7] 郭明博. 水下环境中触须传感器的应用研究[J]. 流体测量与控制,2022,3(01):1-4.

[8] Fattah S, Gani A, Ahmedy I, et al. A survey on underwater wireless sensor networks: requirements, taxonomy, recent advances, and open research challenges[J]. Sensors,2020,20(18):5393.

[9] 朱新华,左社强,潘凯星,等. 美军深海战场建设发展及启示[J]. 数字海洋与水下攻防,2022,5(3):196-201.

[10] 高强,赵佳欢. 军用贮备电池及检测技术发展[J]. 船电技术,2021,41(7):1-4.

[11] Guidotti R A, Maset P. Thermally activated ("thermal") battery technology Part I: An overview[J]. Journal of Power Sources,2006,161(2):1443-1449.

[12] 刘仕伟,黄辰,郝维敏,等. 锌银贮备电池激活结构研究[J]. 电源技术,2018,42(07):1048-1050.

[13] 李智生,张强. 深海预置武器系统发展现状及关键技术[J]. 舰船电子工程,2020,40(02):1-3,41.

[14] 陈永忠,张乃千. 机器人军团正走向战场[J]. 军事文摘,2017(21):15-18.

[15] Thomas J P, Keennon M T, Dupasquier A, et al. Multifunctional structure-battery materials for enhanced performance in small unmanned air vehicles[J]. ASME International Mechanical Engineering Congress and Exposition,2003:289-292.

[16] Asp L, Bouton K, Carlstedt D, et al. A structural battery and its multifunctional performance[J]. Advanced Energy and Sustainability Research,2021,3(2):2000093.

第3章 世界军事装备中的先进电能源案例

[17] 张峻滔,王亚震,李晖,等.碳纤维复合材料结构锂离子电池研究综述[J].复合材料学报,2023,40(3):1263-127.

[18] 程龙,孙权.单兵电源系统研究进展与挑战[J].国防科技,2014,35(03):26-31.

[19] 王旭东,尹钊,刘畅,等.储能技术在军事领域中的应用与展望[J].储能科学与技术,2020,9(Z1):52-61.

[20] 张震,崔志兴,庞冲,等.无人装备技术发展研究[C]//中国航天电子技术研究院科学技术委员会2020年学术年会论文集.北京市2020:802-807.

[21] 马东立,张良,杨穆清,等.超长航时太阳能无人机关键技术综述[J].航空学报,2020,41(03):34-63.

[22] 王明涛.无人作战飞机的时代正在来临——国外无人作战飞机发展概况[J].现代军事,2015,456(01):63-72.

[23] 朱超磊,金钰,王靖娴,等.2022年国外军用无人机装备技术发展综述[J/OL].战术导弹技术:1-14[2023-07-09].

[24] 深圳市人工智能产业协会.中国高超音速无人机亮相,航程超过两千公里,导弹追不上也打不着[EB/OL].(2019-12-29)[2023-04-05]. https://www.szaicx.com/page00181?article id=610.

[25] 范以书.珠海航展:"新面孔"-展气象[EB/OL].(2018-11-13)中华人民共和国国防部官网.

[26] 麻亚挺,黄健,刘翔,等.微纳米空心结构金属氧化物作为锂离子电池负极材料的研究进展[J].储能科学与技术,2017,6(05):871-888.

[27] 王鑫.锂离子电池尖晶石正极材料的表面改性研究[D].桂林:桂林理工大学,2021.

[28] Allison G. The Boeing-built X-37B autonomous spaceplane launched recently on top of a uniquely configured United Launch Alliance Atlas V rocket[EB/OL].(2020-06-03)[2023-04-05]. https://ukdefencejournal.org.uk/secretive-unmanned-x-37b-spaceplane-launches-for-new-mission/.

[29] 齐扬,李伟林,吴宇,等.航空推进电源系统研究综述[J].电源学报,2022,20(05):51-59.

[30] Jonathan K. Elon musk's starlink and satellite broadband[EB/OL].(2020-12-02) [2023-04-05]. https://dgtlinfra.com/elon-musk-starlink-and-satellite-broadband/.

[31] Baoyan D, Yiqun Z, Guangda C, et al. On the innovation, design, construction, and experiments of OMEGA-based SSPS procotype: the sun chasing project[J].

Engineering,2024,36,90-101.

[32] 董士伟,侯欣宾,王薪. 空间太阳能电站微波能量反向波束控制技术[J]. 中国空间科学技术,2022,42(5):91-102.

[33] 李明儒,贾广顺,张裕满. 激光武器发展现状分析[J]. 科学中国人,2017,7z:143-144.

[34] Caitlin H. Laser avenger[J]. Janes International Defense Review,2010,43:63.

[35] Scott R. Lockheed Martin tapped to develop Navy's helios laser weapon system[J]. The Jounal of Electronic Defense,2018,41(3):18.

[36] 杨会军,李文魁,李锋. 高功率微波及其效应研究进展综述[J]. 航天电子对抗,2013,29(03):15-19.

[37] 范晶,宋朝文. 舰载电磁轨道炮用高功率脉冲电源研究进展[J]. 电气技术,2010(S1):70-72.

第4章 瞄准未来战争的军用电能源畅想

4.1 绝地武士(手持式激光武器)

《星球大战》是美国著名导演乔治·卢卡斯拍摄的系列科幻电影。电影背景讲述了在浩瀚星际中一种叫作原力迷地原虫的寄生微型生物,寄居在生物的细胞中,可以连接并感知世间万物中的原力。人们通过研究这种连接和感知,认识和获得了更加丰富的微观世界的信息。

在电影中,绝地武士需要通过学习、研究和利用存在于星战银河中的原力来驱使他们的武器,这种武器以等离子体为剑刃,叫作光剑(lightsaber)[1]。在一位功夫娴熟的大师手中,光剑是具有优雅与致命性的核心武器,而非普通的激光武器。然而,在克隆人战争结束后,大批绝地武士遭到清洗,导致光剑的制作技艺和使用方法几乎随着他们的逝去而失传。克隆人战争结束后,光剑成为了绝地的象征,但帕尔帕廷下令销毁这些光剑,只有极少数幸存了下来。这些幸存的光剑散布至银河系各处,有些沦为收藏家的藏品,有些落入达斯·维达等人之手。为了避免暴露,幸存的绝地武士十分谨慎地隐藏光剑,有些甚至流浪在星际之间,只能在隐秘地场所使用。

绝地武士的光剑种类较多,主要有6种:①标准光剑(standard

lightsaber）是最为常见的类型，剑柄长 20～30cm，该标准光剑可以从一端发射剑刃，且剑柄的外观可以根据武士的需求，进行特殊设计或改装。②双头光剑（double-bladed lightsaber）又称剑杖（saberstaff），其剑柄较标准光剑更长，而且可以从两端发出剑刃，有需要也可以只发射一端的刀刃。一些经过特殊设计的双头光剑还可以从中间拆开，作为两把标准光剑来使用。③双刃旋转光剑（double-bladed spinning lightsaber）类似于双刃光剑，这种光剑可以从剑柄两端发射剑刃，还可以折叠后使用，就像标准光剑一样。另外，双刃旋转光剑具有独特的特点，它的发射矩阵可以沿圆形轨道旋转，形成一个兼具攻击和防守功能的圆形区域。④双相光剑（dual-phase lightsaber），内置多块凯伯水晶，可以在战斗中调整剑刃长度。⑤短光剑（Shoto-typelightsaber）是一种小型化的光剑，适合像尤达这样身形较小的人使用，同样也是双手光剑使用者的选择，例如阿索卡·塔诺的副剑。⑥十字护手光剑（crossguard lightsaber）是一种十分古老的光剑，早在马拉科浩劫（great scourge of Malachor）期间，采用这种设计的光剑就已经出现了。十字护手光剑除了剑柄中央的主刃外，还在两侧开出了两个较小的副刃，在两剑相抵时，使用者可以微妙地调整持剑角度，让副刃给对手造成威胁。

  光剑的基本构造包括结构手把（附有方便操控的纹路）、启动开关、面板或内建的原力开关、安全锁（放开手时自动关闭）、发射阵列、主要聚焦水晶（赋予光剑的颜色）、次要水晶（至多两颗，产生额外效果）、聚焦镜头、能源电池、能源闸、能源超导体、充能槽（在光剑关闭时充能能源电池）、循环场能量激发器，以及其他配件（如腰带扣环）。光剑的剑柄通常为 20～30cm 长的圆柱体合金，尺寸和设计经常根据使用者的需要发生变化。有些绝地的光剑由琥珀金（银和金的合金）制成，以作装饰。光剑水晶是光剑中的核心部件，它的特性会反映到光剑的特性中，例如颜色和攻击属性，师父会根据学徒的原力特质为他们选择能量水晶，这里的水晶可以理解为我们的电能源系统，而有些较珍贵的水晶甚至可以提升使用者的原力感应。除了水晶，

第4章 瞄准未来战争的军用电能源畅想

一些特殊矿物也可以集成到光剑中，这些矿物往往可以提升光剑的效能。

绝地往往选用天然沉积形成的水晶制作光剑，此光剑呈现出各式各样的色泽。而西斯则倾向于采用经过加工处理并被注入黑暗原力的水晶，这种水晶通常散发出红色的光芒，例如达斯·魔的光剑水晶由四块天然水晶在一个特殊的熔炉里熔合而成，注入了达斯·魔的原力，并呈现出红色。绝地武士们挑选水晶的过程就像我们挑选电能源材料一样，有些天然形成的材料具备一些基本的特征，但是不能满足我们特定环境的需求，因此需要对材料的成分进一步改进，不同类型材料具有不同的加工工艺。在电影中，绝地使用的能量水晶产自伊冷星球的水晶洞穴，该洞穴受到绝地武士的严密看管，以防目的不纯的黑暗势力盗采，只有在绝地武士达到可以自制光剑的等级时，其师父才会带领他来此挑选并制作自己的第一把光剑。一些新绝地武士也使用加工后的水晶，其加工方式犹如我们探索新材料过程一样，将不同种类的天然水晶材料进行混合后注入原力，达到期望该水晶能达到的最优效果。光剑的启动原理因建造方法而异，可以设计成开关式或原力启动式。每位绝地武士都需要学会制造自己的光剑，这是他们训练的一部分。每个人都有自己的独特设计，因此他们的光剑都是独一无二的。绝地武士理解了光剑的建造原理后，通常需要花费一个月或更长时间来建造与修改其光剑。但对于经验丰富的绝地武士而言，在紧急情况下，他们可以在数天内完成一把光剑。星球大战中设定的光剑是以能量水晶为驱动媒介，经过反复激发后在剑端压缩射出约 1m 长的剑刃。能量剑刃只有在切穿物体时才会消耗些微能源，平时则是呈现无限回流的循环，发出他独有的嗡嗡声。

科幻电影中所设计的先进设备在一定程度上会影响当代科技的发展方向，比如手机的发明即源于《星际旅行》，科幻电影便携式通信设备启发了美国发明家马丁·库帕，他为摩托罗拉研发了世界上第一款移动电话。光剑作为星际大战中的重要武器，全球的科学家都在尝试设计高能密度的光剑，例如美国的 James 小哥通过在光剑内注入有机气体作为关键的能源核心（如图4-1（a）所示）[2]；国内成都一家公司宣布制造出了世界首台200kW大功率层流电弧等离子体设备（如图4-1（b）所示）[3]，该设备发射的层流电弧等离子束可广泛用作众多工业领域的基础热源。虽然目前所设计的光剑距离实用性光剑还有一定距离，但是已经初具雏形。当前所设计的光剑具备电影中理想设备所具备的功能，比如可进行长度变化以及目标物体的切割操作等。由这类光剑的设计结构可知，能源部分依旧是最难解决的问题，这些设备都需要外界持续提供能源。因此发展高能储能能源的策略可以解决装备持续使用场景和装备战斗能力问题，使得光剑可以脱离能源输送限制，从而扩大战斗使用场景。

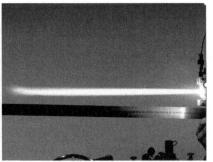

(a) 美国科幻电影爱好者James设计的光剑　　(b) 成都企业研制的层流电弧等离子束

图4-1　现实中的"光剑"

纵观历史，人类学会利用火，结束了茹毛饮血和采摘野果的生活方式。他们开始使用草木取暖、食用熟食，并利用人力、蓄力以及太阳、风和水等动力从事生产活动。随后，随着化学能源时代的到来，人类发明了蒸汽机和发电机等设备，将能源消费从柴草转变为以煤、石油、天然气等化石燃料以及电力等为主，从而极大地推动了生产力的发展。如今，我们进入多能源时代，并即将迎来新能源时代。核能、太阳能、氢能等将成为主要能源，进一步推动生产力的巨大发展。虽然发展诸多的能源获得形式，但是面向未来的能源储存及武器中能源的供给问题，能源的小型化等问题仍亟需解决。我们可以畅想未来武器装备的打击目标能力会更加智能与精确，而其核心的电能源模块具备与光剑武器中晶石的相同功能，可以驱动武器装备实施目标打击的重要任务，比如可以远距离打击，持续性运行以及高杀伤力。武器装备的发展体现了一个国家的国防水平发达的程度，虽然在当下星球大战发生的可能性不高，但是发展具备高效储能及能量释放的核心技术及装置仍是一项重要的策略。

4.2 星球大战

　　星球大战虽然是一系列科幻电影，但是人类探索太空的脚步一直没有停止。"旅行者"号探测卫星已经航行40多年，人类文明信息、地球和太阳在宇宙中的位置等数据信息已经冲出太阳风层，进入星际空间。21世纪是从制陆权到制海权过渡的最重要阶段，同时制空权和制天权也逐步上升到重要的国家战略。制空权是指在特定时间内对特定空域的控制权。掌握制空权意味着可以限制敌方航空兵和防空力量的作战活动，确保己方航空兵行动自由，为陆军、海军的作战行动提供有效的空中支援，以保护国家重要目标免受敌方航空兵的严重威胁。现代战争的立体化程度不断提高，交战双方在整个战争过程中都会竞争制空权，制空权的归属对战争的整体和各个阶段都有巨大影响，争夺制空权已成为现代战争的重要组成部分，同时制空权决定着制天权。制空权作战范围在一定程度上还属于近陆地或海洋，而制天权则是外太空空间，与星球大战情形最为接近。制天权指的是交战一方在特定时间内对外层空间的控制权。争夺制天权是指为达成军事目标，交战双方在军事指挥机关的领导下，使用空间与反空间武器系统，采取进攻或防御手段，对外层空间战场进行控制的过程，其目的是获取宇宙空间的优势，确保己方拥有航天行动的自由，并剥夺敌方的航天行动自由。

　　当前人类的文明程度还不能使我们进行星际航行，经过人类经年对外太空积极的探索，目前星球大战发生的可能性也比较低，但是对于未来的星际移民、太空管理及资源开发相关的外太空任务，都需要当前大力发展空天技术及相应的武器装备。另外，人类对外星文明友好程度的判断还存在很大的不确定性。1985年，五角大楼成立了美国航天司令部，标志着美国太空军的诞生。1993年，太空战争研究中心建成，其中包括太空战研究室、太空战学院和第527太空进攻中队。该中心假想太空战在2017年爆发，对此进行了大规模的太空军事演习，重点考虑如何使对方的卫星失去作用。激光炮和微型卫星是演习中主要使用的武器。美国退出反导条约的原因之一是为了实施国家导弹防御系统，以确保抢占太空的制高点，并利用高科技太空战略，实现其称霸世界的目标。美国的行动迫使俄罗斯迅速采取措施，加快空天军的组建步伐。俄罗斯决定将军事航天部队和太空导弹防御部队从战略火箭军中分离出来，组建一支约9万人的空天部队，并建立了三个大型航天试验与发射场和一个航天器试验与控制中心。这些部队的任务包括发射各种军用航天器和打击敌人太空武器系统。俄罗斯未来航空军的发展规划是将大多数航天设施和系统，以及地面航天设施交由空天军和国家航空航天局共同管理，并建立军地共用设施。21世纪以来，美国积极开展航空航天相关武器装备技术及太空部队的建设，不断将新技术应用于军队装备中，并于2020年成立了太空军，以期望在未来的太空领域占有一席之地。2021年美国太空作战部长杰伊·雷蒙德（Gen. Jay Raymond）上将在美国太空军成立一周年的纪念日（12月20日）时告诉记者，到2021年年底现役军人将从约2400人增加到约6400人。2019年7月13日，法国总统马克龙宣布在法国空军内部设立太空军事指挥部，这将使法国空军最终转变为"航空与太空部队"。太空军事指挥部将作为法国空军下辖的一个兵种指挥机构，暂时负责统一指挥法国陆海空三军的所有相关部门和分队，最终目标是建立一个独立的太空军军种，这与美国之前宣布组建太空军的方式非常相似[4]。

　　仰望漫天星河，人类如万千世界中一粒尘埃。浩瀚的宇宙中可能存在若干不同层次的文明，外星文明是否具有一定侵略性，当前人类

第 4 章　瞄准未来战争的军用电能源畅想

文明是否可以抵御星际外敌，这些问题需要依靠人类科技文明发展的程度来决定。倘若外星文明入侵地球，人类抵御外星文明需要具备两个必备武器装备：一个是星际飞船，另一个是激光武器。星际飞船原型出现在由美国派拉蒙影业公司出品的科幻冒险片《星际迷航》中，该片由 J. J. 艾布拉姆斯执导，克里斯·派恩、扎克瑞·昆图、艾瑞克·巴纳、佐伊·索尔达娜等联合主演，讲述了来自艾奥瓦州的农场男孩詹姆斯·柯克和来自瓦肯星球的史波克第一次在舰队学院相遇成为搭档，同心协力执行一系列外太空任务的故事。在科幻电影《星际迷航》中，星际飞船称为星舰（Starship），可以自由在不同星际之间穿梭，可进行科学探索和解决必要的星际争端。星际飞船航行时间较长，因此充足的能源供给是保障飞船正常完成任务的前提。电影中所有星际飞船都采取某种超光速航行技术，可让自己拥有在星系间航行的能力，例如曲速引擎。星际飞船使用一种质量和内能均为负数的物质为燃料，将其储存在燃料箱中，可用于星舰的航行和防护。从整个电影情节中可知，星舰的防护实质是一层电离保护层，可对外来入侵进行阻隔和反射。电能源技术及储能技术贯穿于整个星舰建造过程中。舰艇除了航行动力系统外，还装备了等离子加农炮/相位加农炮/脉冲相位加农炮、空间/光子化鱼雷发射管等武器。这些先进的武器装备均需要高效的能源系统和储能单元。人类开发丰富的电能源关键技术将极大促进星际高能武器的技术发展，并解决武器的能源系统供给、能量驱动形式、武器威力等核心问题。

由于太空作战环境的特殊，普通热兵器使用的可能性大大降低，也难发挥较大的作用，发展具有高能密度的电能源是完成太空武器化的重要一步，将电能转化为各式各样的高能电弧，可实现对敌方进行大规模打击的目的。为了更好服务于星球大战这样的应用场景，太空部队需大量装备和使用以电为核心驱动能源的武器装备。除了星舰上重型武器外，手持轻便型武器也是重要的发展方向。在《星际迷航》科幻电影中，相位武器是一种粒子束定向能武器，是使用场景较多的便于携带的轻型武器，主要有四种形态的相位武器，使用范围、威力和形态大小是每种武器之间的主要差别特征。其中Ⅰ型相位枪的使用频率最高，Ⅰ型相位枪可以调整其设定为击晕、加热及破坏状态。Ⅰ型相位枪的火力没有Ⅱ型相位枪强大。某些版本的Ⅰ型相位枪加上握把并增加相位能量电池供应等，成为类似手枪的武器，变为火力更为强大的Ⅱ型相位枪。小型掌上相位武器则形似剃须刀，威力也更大，可以使用宽场模式，用于清除大面积覆盖的物体或在狭窄的空间内攻击大范围敌人。

太空战争发生的主要场所为外太空，采用电能为驱动能源的武器具有快速打击目标物体的功能，且打击范围较广。高效且含有巨大储能的电能源技术将促进太空武器的发展。在整个作战环境中，常规的以燃料为驱动的热武器需要一定的条件才可以触发，使用环境受到了巨大的限制。在众多科幻电影中，以电为驱动的相位武器可以在不同的外太空环境中使用，如其他文明星球和外太空环境。随着越来越多国家科技技术的高度发展，外太空将成为未来兵家必争之地。武器装备的能源提供形式将直接决定武器是否具备大规模地方目标的打击能力。在未来战争中，掌握顶尖的电能源的技术将掌握战场方向的主动权，小型轻便高能的武器将会提升部队的整体作战实力。

4.3 可以自愈修复的电能源

能源是关乎国防和军队建设发展战略全局的核心要素，是武器装备的动力之源、现代战争的制胜之基。能源系统作为军事能源的载体，担负着保障武器系统在战场环境下的作战稳定性、作战效能和生存质量的责任。在面向未来战争的新型作战模式快速布局和发展的背景下，未来武器装备呈现出能源全电化的发展趋势，电能源逐渐成为武器装备算力、动力和打击力的主要能量之源，而这也对其能源供给需求提出了更高要求，包括能源系统的能量密度、稳定性和安全性。

一旦电能源损毁或失效，则武器装备立即失去作战能力。军用电

第 4 章　瞄准未来战争的军用电能源畅想

能源器件与系统在极端环境和特种工况下服役,电冲击、热冲击、力冲击、辐射冲击和敌方打击均可能引发不同尺度和程度的损伤,进而导致其性能衰减、功能失效,甚至引发安全事故。以锂离子电池为例,若在工作过程中遭遇外界冲击,如跌落、撞击、穿刺等而发生漏液、破损,或是因内部反应发生膨胀、形变、热失控等情况,即使电池的整体结构得到保持,但是电池内部各材料组分之间的界面受损,电极材料从集流体表面脱落,均会造成电池的输出电压或功率无法满足武器装备的正常工作,同时高震荡冲击等极端作战环境给予电源装置较高的负荷,也可能引起电极与电解质间的界面破坏并造成电池整体使用寿命的降低,甚至引发起火、爆炸等安全问题。而在战场环境下,锂离子电池一旦发生安全事故,将严重危及武器系统装备的正常工作并造成武器失效等后果,甚至引起一系列连锁反应,导致作战双方局势的转变。

自愈修复是指材料、器件或系统在受到内、外环境因素作用下导致的损伤,通过能量或物质的输入,实现损伤部位在结构与功能上的自发愈合或修复,从而消减隐患、恢复性能和延长使用寿命。自愈修复能源技术可以在没有或少有人工干预的情况下,通过损伤信号实现自发或介入式地驱动能量流和物质流,完成对内环境或外环境损伤刺激的自主定位、隔离、重构与恢复,减少和避免供电中断,实现电子设备的安全可靠运行。因此,在微观损伤或部分损毁情况下保障其供电能力的自愈修复能源技术,不仅是降低使用维护与后勤保障负担的有效途径,也是强对抗场景下保障武器装备作战效能和作战体系战略反制能力的有力支撑。

自愈修复能源技术通常依据损伤体积、修复速率、修复效率进行评判,修复机制分为本征型自愈合与外援型自修复。损伤体积是指可以提高器件的可靠性与使用寿命的最大破损尺寸,其随着载荷条件、几何结构及修复方法而变化。如图 4-2 所示[5],大多数本征型自愈合系统需要在分子链段运动范围内,故只对较小的亚微米尺度损伤体积有效;基于微胶囊的外援型自修复系统需要在微胶囊芯材可覆盖范围内，在有限的微胶囊体积分数下，可以修复微米尺度体积的损伤；基于微管道外援型自修复系统可以携带更多的修复剂，可覆盖毫米尺度范围的受损体积。修复速率与应力幅度、应变率和加载频率等外部因素相关，由修复剂含量、修复剂性质等决定。

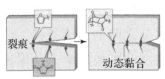
(a) 本征型自愈系统 (亚微米尺度损伤, 多次修复, 修复速率慢)

(b) 微胶囊外援型自修复系统 (百微米尺度损伤, 1次修复, 修复速率快)

(c) 微管道外援型自修复系统(大尺寸修复, 多次修复)

图 4-2　自愈修复原理机制

目前，在摩擦电纳米发电机、热电装置、电容器、锂离子电池、太阳能电池等器件均开展了自愈修复技术研究。中国科学院北京纳米能源与纳米系统研究所报道了一种基于黏弹性聚合物和碳纳米管的形状自适应和可修复的摩擦电纳米发电机（如图4-3所示）。基于动态氢键与硼酸脂键的聚二甲基硅氧烷 PDMS-CNTs 赋予腻子层与 CNT 腻子电极自愈合性能，可以实现纳米发电机发电性能在机械受损后室温条件下1min内快速自修复，即在切割和愈合后，摩擦电纳米发电机的输出电压、输出电流和转移电荷量完全恢复，比如输出电压可以恢复至损伤前的65V。鉴于其良好的形变能力，该柔性摩擦电纳米发电机可以适应任意形状的表面，为柔性电子和机器人提供可变形的电源[6]。

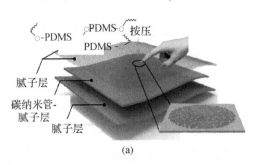
(a)

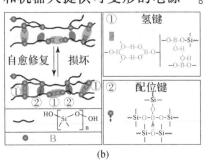
(b)

第4章 瞄准未来战争的军用电能源畅想

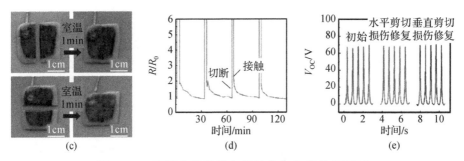

图4-3 摩擦电纳米发电机结构与自愈性能测试

清华大学-伯克利深圳研究院报道了一种通过氢键交联的自修复聚乙烯吡咯烷酮-聚乙烯亚胺（PVP-PEI）粘结剂自修复的锂硫电池，基于PVP中的大量羰基（C=O）和PEI中的氨基（-NH$_2$）形成的动态氢键网络赋予锂硫电池自修复能力，实现锂硫软包电池长时间稳定循环，即在0.2C下循环140次后仍保持8.9mA·h的容量（如图4-4所示）。通过PVP与PEI高分子的交联构筑了含有动态氢键的自修复粘结剂，不仅有利于减轻穿梭效应，还可以减小体积变化引起的内应力（图4-4（a）和（b）），使得硫正极在经过5次、10次甚至25次后获得了平整且几乎无缝的表面，表现出显著的自愈效果（图4-4（c）~（f））。此外，组装的自愈锂硫软包电池具备优异的电化学性能（图4-4（g）和（h））：①在耐弯曲性能方面，自愈软包电池经过800、1800和2800次弯曲循环后，其容量保持仍达到率弯曲前的99.5%、99.0%和95.7%；②在高负载性能稳定性方面，自愈软包电池在0.1C下具有13mA·h的容量，在0.2C下循环140次后仍维持了8.9mA·h的优异容量）[7]。

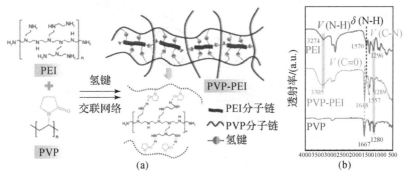

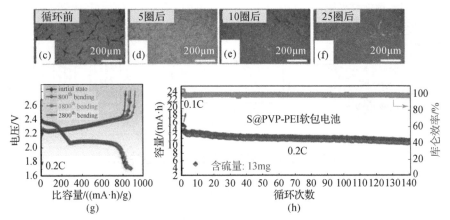

图 4-4 自愈合锂硫软包电池

南洋理工大学报道了一种自修复电容器,基于低热转变温度 T_g 结构框架与可逆氢键的聚合物基材与单壁碳纳米管之间的协同作用,通过可熔聚合物基底的滑动运动、重新连接并彼此接触,带动分离的单壁 CNT 的运动与接触,实现电容器电化学性能的自愈合(如图 4-5 (a) 所示),在进行 5 次剪切/修复过程后,电容器容量保留率高达 85.7%[8]。此外,香港大学报道了一种基于纱线的具有机械和电气可修复性的超级电容器,通过 PPy 中的 Fe_3O_4 颗粒组成的磁性纱线电极带动断裂电极的运动并在磁力的引导下重新连接,实现电容器机械性能与电学性能的恢复,在 4 个断裂/修复周期内超级电容器表现出了 71.8% 的高比电容保持率和良好的机械性能(如图 4-5 (b) 所示)[9]。

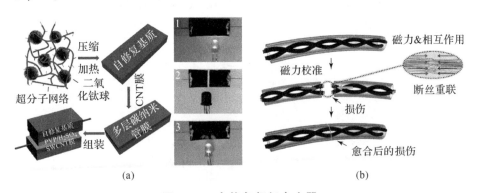

图 4-5 自修复超级电容器

第4章 瞄准未来战争的军用电能源畅想

南昌大学报道了一种自修复可拉伸钙钛矿太阳电池（如图4-6所示），通过引入具有动态自修复功能的聚氨酯材料填充钙钛矿晶界，基于聚氨酯上的动态肟键，可有效释放拉伸时的应力并实现多级机械自修复功能，器件效率达到19.15%。通过在室温条件下多官能团肟和六亚甲基二异氰酸酯的非催化加聚得到了自修复聚氨酯，当钙钛矿器件承受拉伸应力薄膜出现微裂纹时，残留在晶界处的s-PU经过简单的退火过程后可以促使薄膜形貌恢复到初始状态，进而实现器件性能的有效恢复，在20%形变下循环1000圈后可以维持原始效率的80%[10]。

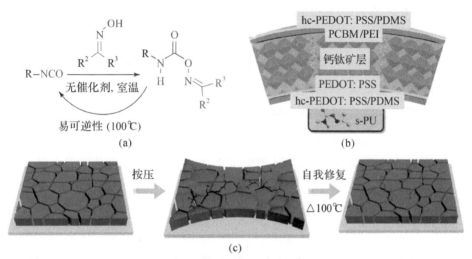

图4-6 自修复太阳电池结构示意图

然而，自愈修复能源技术的应用仍然任重而道远，其损伤体积、修复速率与修复效率急需提升，建议重点从以下几方面推进相关技术及装备的研究：①以预埋修复物质为主的自修复能源技术。通过在器件中预埋含有修复物质的微胶囊、在部分材料中引入可重构动态键，或开发人为介入修复等技术，赋予电能源器件基于损伤刺激修复物质释放、外场诱导分子重排和介入式物质补给等机制恢复或维持供电能力。②以含能液体为主的自修复能源技术。通过含有修复物质的高含能液体工质开发，构建能源与信息、物质耦合的类生命体电能源系统，能够精准感知损伤部位和程度并调度修复物质，实现能源系统高效、多次、快速的自愈修复。③以能、动、感、算、存一体化的智能微系统为基本单元的自修复能源技术。通过能、动、感、算、存一体化的智能微系统的开发，赋予能源系统自主重构能力与开放环境中物质自主获取能力，实现能源单元自我复制，以及几乎不限次数的系统重建和再生。

4.4 纳米机器人

"纳米机器人"是机器人工程学的一种新兴科技，纳米机器人的研制属于"分子纳米技术"（Molecular Nano Technology，MNT）的范畴，它根据分子水平的生物学原理为设计原型，设计制造可对纳米空间进行操作的"功能分子器件"。纳米机器人的设想，是在纳米尺度上应用生物学原理，发现新现象，研制可编程的分子机器人。合成生物学对细胞信号传导与基因调控网络重新设计，开发"在体"或"湿"的生物计算机或细胞机器人，从而产生了多种方式驱动的纳米机器人技术。

4.4.1 化学方法驱动的纳米机器人

化学驱动的微/纳米机器人通常由催化剂（如活泼金属）和惰性材料组成。其中，催化剂的作用是在机器人表面与燃料发生化学反应，而惰性材料用于构建不对称结构。H_2O_2是最早，也是研究最广泛的燃料。在H_2O_2中，微/纳米机器人可以产生自电泳机制而驱动或利用自身的铂金（Pt）等材料催化分解H_2O_2产生气泡，推动自身的运动。但高浓度的H_2O_2氧化作用强，与生物体不相容。故为实现实际应用，特别是在生物系统中采用化学驱动的方式驱动微/纳米机器人时，需要确定除H_2O_2之外的新的原位燃料，即原料应该是生物流体中的自然物质，而不是由外部添加。例如，使用可生物降解的Zn或Mg，通过与胃的酸性环境发生反应产生氢气来实现自推进，并在使用后留

第4章 瞄准未来战争的军用电能源畅想

下无毒的产物；利用酶取代 Pt 进行催化反应，这样就可以把燃料替换为各种生物分子，如葡萄糖或尿素。

Villa 等[11]设计了一种自力式管状微型机器人，该机器人可以通过微气泡和生物膜表面形成的反应性物质的组合，有效地处理牙菌斑和其他口腔问题。机器人由生物相容性材料组成，内部结构饰有铂纳米颗粒，可将 H_2O_2 燃料分解成气泡。管状微型机器人的特点说明如下：如图 4-7 所示，气泡从管的一端排出，触发其以圆形轨迹移动。在燃料浓度为 0.5wt% 和 1wt% 时，最大速度分别为 (48 ± 6) μm/s 和 (113 ± 12) μm/s。实验结果表明，该方法可在 5min 内去除 95% 以上的牙菌斑，这是目前其他传统方法难以实现的。这项研究是牙科手术领域的一项创新。微型机器人的自主运动和微小的尺寸，使我们有理由相信，除了口服治疗之外，它还将对其他医学领域产生重大影响。

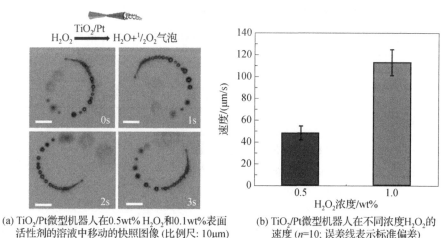

(a) TiO_2/Pt微型机器人在0.5wt% H_2O_2和0.1wt%表面活性剂的溶液中移动的快照图像 (比例尺: 10μm)

(b) TiO_2/Pt微型机器人在不同浓度H_2O_2的速度 (n=10; 误差线表示标准偏差)

图 4-7 TiO_2/Pt 微型机器人的运动

4.4.2 电磁场或电磁驱动的纳米机器人

磁场驱动的微/纳米机器人可以在没有任何燃料添加的情况下，以线圈或磁芯为能源核心，通过外部的电磁场驱动实现动作或运动。其中，外部磁场分为旋转磁场、梯度磁场和振荡磁场等。表 4-1 介绍了几种磁电概念，以及通过不同磁电驱动方式可实现的纳米机器人的运动模式及可实现功能。例如，三维磁性管状机器人的远程可控性和精确运动可以通过外部磁场来实现，这些管状机器人在二氧化硅微粒的捕获、靶向递送和释放方面有着良好的能力。再如，运动金属有机框架（MOF）是环境修复、靶向药物输送和纳米外科手术中小型机器人平台的潜在候选者。具有生物相容性和 pH 响应特征的螺旋微型机器人，就是由 Zn 基 MOF 和沸石咪唑骨架（ZIF-8）包覆的（如图 4-8 所示）。这种高度集成的多功能微型机器人可以在弱旋转磁场的控制下沿着预先设计的轨道运动，并在复杂的微流体通道网络内部实现货物的有效输送。除此之外，磁场还可以与其他物理场一起控制微/纳米机器人的运动。例如，Xu 等[12]提出了一种可靠的推进方法，在建立了一个电磁线圈系统来驱动螺旋机器人的前提下，通过额外施加超声波将微型机器人悬浮在基板上，以此来减少整个运动过程中多余的横向漂移，这是进一步改善运动控制的一种新颖而有效的策略，基于该策略可以设计出精子微型机器人（如图 4-9 所示）。

表 4-1 近年来基于电磁场或电磁方式驱动的纳米机器人

磁电概念	发电	功能
电磁驱动	向线圈施加电流会产生磁场；向电极施加电压会产生电场	可操控微纳米机器人拾取和释放颗粒
无线电力传输（WPT）	应用谐振频率以实现最大的功率传输效率；磁性材料的加入会增加磁耦合，条型磁性材料实现更高的磁场梯度	产生推进力、扭矩和传输电能；通过调整入射磁场和磁性材料的角度，使微型机器人实现旋转运动
混合磁电（ME）纳米线	磁致伸缩磁芯和压电壳的组合	通过单个外部电源（磁场）进行无线运动；通过磁场精确转向目标位置；磁电辅助药物释放

第4章 瞄准未来战争的军用电能源畅想

续表

磁电概念	发电	功能
即插即用（PnP）电磁线圈系统（MagDisk）	由5个独立的线圈组成，可产生所需的旋转磁场	基于荧光磁孢子的微型机器人（FMSM）的驱动、控制和观察，该机器人可轻松集成到荧光显微镜中

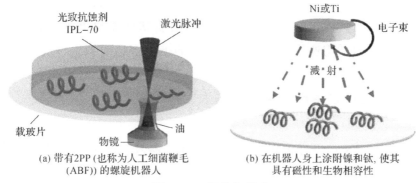

图 4-8 螺旋机器人

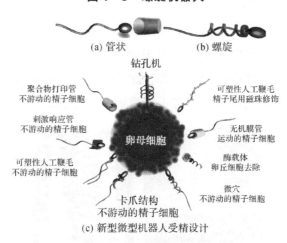

图 4-9 精子微型机器人

外部场驱动的微/纳米机器人大多不需要燃料，因此其具备生物相容性和可持续性，主要包括光、超声波或磁场驱动等。与化学驱动的微/纳米机器人相比，它们在控制运动方面更加灵活。建立声学条件是比较容易的，声波能够通过固体、液体和空气介质传播，故可深入穿透生物组织，从外部触发微/纳米机器人的推进，而不会对人体造成损害。超声波驱动一种纳米棒状的微型机器人的机制是在超声波的作用下，不对称纳米棒表面上局部声流应力产生了运动的驱动力。一种用金纳米线包裹着红细胞膜和血小板膜组成的仿生纳米机器人，在全血中显示出快速而有效的长时间声学推进，并且可以模仿自然活动的细胞运动。这种推进机制增强了微型机器人对病原体和毒素的结合能力，提高了解毒效率。除此之外，还可以利用高强度聚焦超声波来诱导化学燃料的快速蒸发，产生子弹运动状态的管状微型机器人。这种微管能以非常高的平均速度运动，凭借强大的推力穿透组织。

4.4.3 超声波驱动的纳米机器人

加州大学圣迭哥分校研发了一种纳米机器人，通过其在血液中的运动来消灭细菌和毒素，如图4-10所示。他们研发的纳米机器人由金制成，比人的头发薄25倍，它们在超声波驱动的血液中以每秒35μm的速度行进，自身不需要带有动力。纳米机器人由血小板和血细胞膜构建的混合涂层掩盖，当它们在超声波的引导下穿过血液时，血小板膜会捕捉细菌，血细胞膜会捕捉毒素。另外，血小板和血细胞膜涂层也可以阻止蛋白质附着到纳米机器人上，防止其遭到其他细胞的攻击[13]。

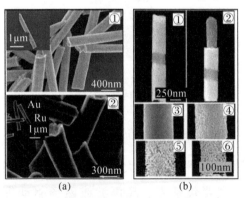

图4-10　棒状/线形微型/纳米机器人

图 4-10（a）所示为用于超声波推进研究的单金属金①和双金属金/钌②棒的 SEM 图像。图 4-10（b）所示为各种超声波纳米线机器人的 SEM 图像，①为金/镍/金纳米线；②为金/镍/金/钌纳米线；③为光滑的金纳米线；④~⑥为金：银比例分别为 8：2、7：3 和 6：4 的纳米多孔金纳米线。

4.4.4 光驱动的纳米机器人

光驱动的微/纳米机器人由光活性材料构成，主要包括光催化材料、光致变色材料和光热材料等。在光的照射下，这些光活性材料能够吸收光能，分别引发光催化反应、光异构化反应和光热转化反应等。光驱动的方法操作简单、响应速度快。例如，一种利用聚吡咯（Polypyrrole，PPy）纳米粒子制造的新型光驱动片状微型机器人，当其被近红外光照射时，产生马兰戈尼效应并显示出受控的平移运动。这种效应通过改变入射光的角度来调节，从而精确控制微型机器人的运动过程，使其能够以理想的方式输送和释放吸附的有效载荷。除了提供驱动力之外，近红外光还具有光学成像的潜力，可以跟踪体内微/纳米机器人的运动。

Wang 等[14]设计了一种针状液态金属镓纳米机器人，在近红外激光照射下运动可控。其推进力主要来源于沿纵轴的温度梯度产生的热泳力。实验表明，纳米机器人的速度可以通过光强度来调节。在 5W/cm² 的激光强度下，纳米机器人的行进速度可以达到 31.22μm/s（如图 4-11 所示）。

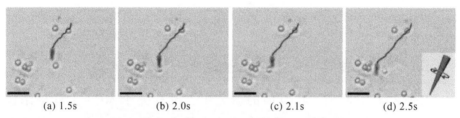

(a) 1.5s   (b) 2.0s   (c) 2.1s   (d) 2.5s

图 4-11   针状液态金属镓纳米游泳者（LMGNS）与示踪粒子（2μm SiO₂）运动的延时图像（小于 3.0W/cm² 近红外激光照射下）

4.4.5 生物驱动的纳米机器人

生物驱动的微/纳米机器人主要是指生物混合微型机器人,它是由活动的微生物(细胞)和人工材料组成的。像细菌和精子这些通过鞭毛推动自身运动的微生物可以当作推进生物混合微型机器人的引擎,其中精子还有与体细胞融合的独特能力,这会显著提高微/纳米机器人的生物相容性和安全性。例如,一种由运动性精子细胞作为动力源和药物载体的生物混合微型机器人系统,包括3D打印的具有四个臂的磁性管状微结构。与纯合成微型机器人或其他载体相比,这种精子杂交微型机器人可以将高浓度的药物封装在精子膜内,从而保护其免受体液稀释和酶降解的影响[15]。

Behkam 和 Sitti 等[16]将细菌液滴(如大肠杆菌)和聚苯乙烯悬浮在水和葡萄糖溶液中。吸收葡萄糖养分后,细菌旋转的鞭毛将液滴向前推,然后加入硫酸铜,使细菌鞭毛进入"麻痹"状态。最后,用乙二胺四乙酸分离硫酸铜,使细菌再次移动,如图4-12所示。这项研究的成功为使用生物材料进行自驱动奠定了理论基础。

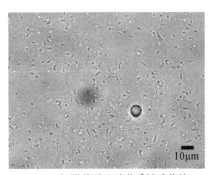
(a) $t=0$时,附着了几种黏质链球菌的聚苯乙烯珠子位置

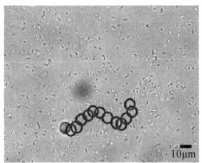
(b) $t=6s$时,聚苯乙烯珠子的路径表示

图4-12 彩色手机的相差光学显微镜图像

Martel 等[17]发现,在以前的研究中,没有关于MC-1趋磁细菌(MTB)治疗癌症的内容,特别是作为在较小毛细血管中推进的补充手段(如图4-13所示)。因此,Martel 创新地利用MC-1趋磁菌结合

第4章 瞄准未来战争的军用电能源畅想

铁磁材料，将微珠和治疗剂结合到一起进行靶向治疗。这一研究结果表明，利用趋磁菌是治疗癌症的有效方法，其应用迫切需要更多学者探索。

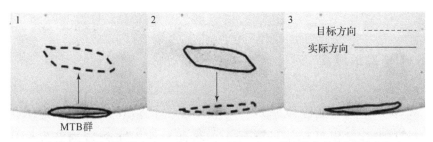

(a) 在编程控制的磁场影响下，一群MC-1 MTB以130μm/s的平均速度在水溶液中游动，黑色箭头表示游泳方向

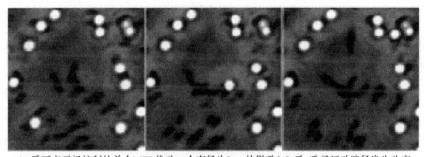

(b) 受可变磁场控制的单个MTB推动一个直径为3μm的微珠2.5s后，珠子运动路径发生改变

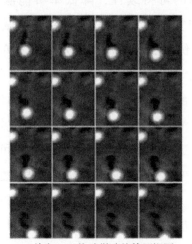

(c) 单个MTB推动微珠的特写视图

图4-13 MC-1 MTB朝着不同方向游动的示意图

4.5 跨域分布式电能源体系

4.5.1 基本概念

跨域分布式电能源体系是一种利用新一代信息技术和信息通信平台,在军事能源保障网络的基础上,将能源在军事领域内开发利用的全过程和各环节与信息高度融合的分布式电能源系统。它是由多个分布式电能源系统组成,这些系统跨越微电网、用电装备和电能源保障装备等多个领域,通过有线/无线方式互联互通起来,实现能源的交换和共享。其中,人工智能、大数据和云计算等新一代信息技术被广泛应用于系统中,以提高能源保障的精确化、科学化、智能化和敏捷化水平。

跨域分布式电能源体系的优势在于,它可以提高能源保障的可靠性和效率,增强能源的可持续性,降低军事能源的成本和对外依赖,提高军事作战能力和安全性。通过跨越多个领域的能源交换和共享,体系可以实现能源的优化配置和高效利用,避免单点故障和级联效应,提高系统的韧性和抗干扰能力。同时,利用新一代信息技术,体系可以实现能源的实时监测、控制和管理,使能源的使用更加智能化和精细化,同时减少能源浪费和排放,促进能源的可持续发展。军事分布式电能源体系具有广泛的使用场景,以下是一些可能的场景:

战场电力保障:在军事行动期间,分布式电能源可以为战斗部队提供可靠的电力保障。通过在战斗部队中部署分布式电能源系统,可以在没有稳定电力供应的情况下确保通信、照明、食品储藏和其他必要设备的正常运转。

前沿基地能源供应:在前沿基地部署分布式电能源系统可以满足士兵、设备和通信系统的能源需求。这样可以减少长距离输电线路的依赖和风险,并提高基地的自给能力。

舰船能源供应:军事分布式电能源系统可以提供战舰的能源供应,从而确保舰船在长时间的航行和作战期间保持高度的机动性和作战能力。

后勤保障:在军营中使用分布式电能源系统可以确保后勤保障设施(如餐厅、医院、物资库房等)的正常运转。这可以提高军队的生存能力和战斗力,并且减少对外部能源供应的依赖。

总之,军事分布式电能源系统可以在许多场景下提供可靠的能源供应,并且减少对外部能源供应的依赖和脆弱性,这是实现军事能源保障的重要手段。

4.5.2 发展目标

随着现代战争形态和技术手段的不断发展,军事电能源体系也在不断地更新和改进。分布式电能源系统在军事领域中的应用逐渐成为研究热点。其发展目标主要包括以下几个方面。

提高电力保障能力:分布式电能源系统可以在不同地点建立多个电源,相对于传统的中心化电源系统,可以更好地应对突发事件和电力供应不足的情况,从而提高电力保障能力。

提高能源效率:通过分布式电能源系统中的智能化控制,可以实现对能源的合理调度和利用,从而提高能源利用效率,减少能源浪费。

增强电力系统的可靠性和稳定性:分布式电能源系统中的多个电源可以相互支撑和备援,可以有效地增强电力系统的可靠性和稳定性,避免单点故障导致的电力中断。

提高能源安全性:分布式电能源系统可以通过智能化监控和控制来保障电力系统的安全性,同时也可以更好地应对电力安全事件和故障,从而提高能源安全性。

实现军事电力智能化:分布式电能源系统可以通过实时感知、资源可视掌控、决策及时正确、配送精确定向、行动全程调控等智能化手段,实现军事电力系统的智能化管理和决策,提高电力保障的可测、可视、可管、可控性。

总之，军事分布式电能源体系的发展目标是实现对军事电力系统的智能化管理和决策，提高电力保障的能力和水平，从而为军事行动提供可靠的电力支撑。

4.5.3 跨域分布式电能源体系的主要内容

军事能源系统根据其寿命周期与阶段特征，可分为规划设计阶段、平时运行管理阶段和战时指挥调度阶段。根据该阶段划分考量，跨域分布式电能源体系在各阶段的数据层–工具层–应用层的层次构成可参照图4–14进行细化[18]。

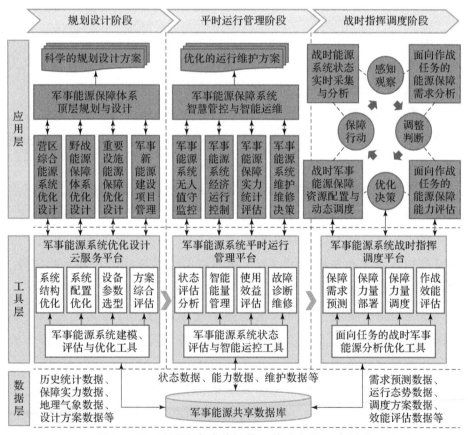

图4–14 跨域分布式能源体系的阶段与层次划分

第 4 章　瞄准未来战争的军用电能源畅想

1. 跨域分布式电能源系统组成

跨域分布式电能源体系的组成内容通常包括以下几个方面。

发电设备：包括太阳能光伏板、风力涡轮机、燃气轮机等各种发电设备，用于将自然能源转化为电能。

储能装置：由于分布式电能源的波动性和间歇性，因此需要储能装置对电能进行存储，以便在需要时使用。常用的储能装置包括锂离子电池、超级电容器等。

电力电子设备：负责将发电设备和储能装置的电能转化为稳定的交流电，并通过智能控制系统进行调度。

智能控制系统：负责对军事分布式电能源体系中的各个设备进行实时监测和控制，包括电能产量、储能装置的储能情况、能量转换效率等指标，并根据实时的用电需求进行智能调度。

电力传输设备：负责将电能从发电设备、储能装置传输到需要用电的地方，包括输电线路、变电站等。

用电设备：最终将电能转化为各种电力设备所需要的电能，如通信设备、雷达、导弹等。

以上组成内容是军事分布式电能源体系的主要构成部分，不同的场景和任务需求下，具体的设备和构成可能会有所不同。

2. 跨域分布式电能源系统的管理

管理军事分布式电能源体系的目标是确保系统的安全、高效和可靠运行，包括以下几个方面。

规划和设计：根据军事应用的实际需求，规划和设计电能源系统的基础设施、装备和技术。

建设和安装：按照设计方案进行建设和安装，包括发电机、储能系统、能源转换设备、电力传输和配电系统等。

运行和维护：管理人员需要对电能源系统进行实时监测和管理，包括监控系统的状态、负载和能源生产等数据，并根据情况进行调整和维护。

故障处理和修复：一旦发现电能源系统出现故障或损坏，管理人员需要及时处理和修复，确保系统能够在最短时间内恢复正常运行。

能源计量和管理：对电能源系统中产能、传能、储能、用能等各环节进行精准计量，为实现军事能源智慧化打下数据基础。

能源调度和优化：根据军事任务需求和电能源生产情况，管理人员需要制定能源调度计划，实现能源的优化配置和调度，确保能够满足军事任务的需求。

综上所述，管理军事分布式电能源体系需要具备全面的技术知识和管理能力，确保系统能够稳定、高效地运行，同时也需要不断更新和改进技术和管理方法，以适应不断变化的军事需求和技术发展。

3. 跨域分布式电能源系统的调度

军事分布式电能源体系的调度是指根据能源需求，合理分配和管理分布式能源设备的过程。其目的是实现能源供需的平衡和资源的最优利用，从而提高军事能源的可靠性、可持续性和安全性。具体来说，军事分布式电能源体系的调度包括以下几个方面。

需求预测和规划：对未来的能源需求进行预测和规划，以便更好地分配和管理能源资源。这包括对不同任务的能源需求进行评估和分析，预测能源需求的峰谷变化，以及规划合理的能源分配策略。

能源分配和调度：根据需求预测和规划结果，将分布式能源设备分配到合适的位置，实现能源的优化分配和利用。这包括对不同能源设备的能力和特点进行评估和分析，优化能源设备的使用效率，以及实现能源设备的协同作业和能量互补。

能源监控和管理：通过实时监控和管理能源设备的运行状态，保证能源的稳定供应和安全运行。这包括对能源设备的监测和诊断，及时发现和处理能源设备的故障和异常情况，以及实现能源设备的实时控制和调节。

能源优化和协同：通过对能源设备和系统的优化和协同作业，实现能源的最大化利用和最优化分配。这包括对能源设备和系统的优化设计和布局，实现能源设备的协同作业和能量互补，以及实现能源的可持续发展和利用。

综上所述，军事分布式电能源体系的调度是一个复杂的过程，需要充分考虑不同能源设备和系统的特点和能力，以及对能源需求和资源的深入了解和分析。通过合理规划和分配能源资源，优化能源设备的使用效率，实现能源设备的协同作业和能量互补，可以提高军事能源的可靠性、可持续性和安全性，满足不同任务的能源需求。

参考文献

[1] 赵焕,王庆勇. 什么是"原力"？——电影《星球大战：原力觉醒》赏析[J]. 戏剧之家,2017,241(01):120-121.

[2] Hack Smith. 世界第一把4000°F等离子可伸缩光剑全制作[EB/OL]. [2021-03-05]. https://www.bilibili.com/video/BV17J4Y1H71V.

[3] 张舒. 世界首台200千瓦大功率层流电弧等离子体设备在成都问世[N/OL]. (2012-09-23)[2023-04-25]. https://www.laserfair.com/yingyong/201309/23/39175.html.

[4] 李一辰,梅娜,杨晓华. 美国太空军—即将成立的新型作战军种[J],生命与灾害,2019,4:26-31.

[5] Patrick J F, Robb M J, Sottos N R, et al. Polymers with autonomous life-cycle control [J]. Nature,2016,540(7633):363-370.

[6] Chen Y, Pu X, Liu M, et al. Shape-adaptive, self-healable triboelectric nanogenerator with enhanced performances by soft solid-solid contact electrification[J]. ACS Nano, 2019,13(8):8936-8945.

[7] Gao R, Zhang Q, Zhao Y, et al. Regulating polysulfide redox kinetics on a self-healing electrode for high-performance flexible lithium-sulfur batteries[J]. Advanced Functional Materials,2022,32(15):2110313-2110324.

[8] Wang H, Zhu B, Jiang W, et al. A mechanically and electrically self-healing supercapacitor[J]. Advanced Materials,2014,26(22):3638-3643.

[9] Huang Y, Huang Y, Zhu M, et al. Magnetic-assisted, self-healable, yarn-based

supercapacitor[J]. ACS Nano,2015,9(6):6242-6251.

[10] Meng X C, Xing Z, Hu X T, et al. Stretchable perovskite solar cells with recoverable performance[J]. Angewandte Chemie – International Edition,2020,59(38):16602-16608.

[11] Villa K, Viktorova J, Plutnar J, et al. Chemical microrobots as self – propelled microbrushes against dental biofilm[J]. Cell Reports Physical Science,2020,1(9):100181.

[12] Xu K, Xu S, Wei F. Recent progress in magnetic applications for micro – and nanorobots [J]. Beilstein Journal of Nanotechnology,2021,12:744-755.

[13] Li J, Mayorga – Martinez C C, Ohl C – D, et al. Ultrasonically propelled micro – and nanorobots[J]. Advanced Functional Materials,2022,32(5):2102265.

[14] Wang D L, Gao C Y, Si T Y, et al. Near – infrared light propelled motion of needlelike liquid metal nanoswimmers [J]. Colloids and Surfaces A – Physicochemical and Engineering Aspects,2021,611:125865.

[15] Xu K, Liu B. Recent progress in actuation technologies of micro/nanorobots[J]. Beilstein Journal of Nanotechnology,2021,12:756-765.

[16] Behkam B, Sitti M. Bacterial flagella – based propulsion and on/off motion control of microscale objects[J]. Applied Physics Letters,2007,90(2):023902.

[17] Martel S. Towards MRI – controlled ferromagnetic and MC – 1 magnetotactic bacterial carriers for targeted therapies in arteriolocapillar networks stimulated by tumoral angiogenesis[C]//2006 International Conference of the IEEE Engineering in Medicine and Biology Society. 2006:3399-3402.

[18] 于海青,张涛,明梦君. 关于智慧军事能源的思考[J]. 国防科技,2019,40(02):4-8.

第 5 章 未来发展战略

5.1 国内外军用电能源技术发展规划

长久以来,战争既是尖端科技的重要催产剂,也是先进技术的主流演练场。当前,以电气化为代表的新一轮能源系统技术革命正如火如荼,不断重构全球航空、地面、海上装备产业格局,军用能源便是这场革命的主战场之一。与民用场景不同,战场电气化最看重的并非电能源自身的绿色清洁,而是充分利用电气化带来的高效、可控、低噪声等特点,支撑新型武器装备的研制应用,帮助军事行动建立战略战术优势。现代化武器装备的不断发展,也对广域、无人、多战场协同作战等作战场景及相应开发出的各类电气化武器装备对装备电能的生成、存储和管理等提出了极高的要求。随着战场电气化程度不断提高,各大军事强国纷纷出台推进能源转型的相关政策,加强新型军用电能源技术研发,为提升军队作战能力、保障国家安全打好"能源"这张牌。

5.1.1 美国

1. 美军军事能源转型的措施及成效

美军军事能源基本可分为两部分,固定军事设施正常运转所需能源为设施能源,主要依靠商业电网获取;军队在训练、部署、作战过程中由单兵、武器等作战平台消耗的能源为作战能源,主要依赖燃油获得。设施能源约占美军总能耗 25%,作战能源约占美军总能耗 75%。因此,作战能源转型是美军军事能源转型的核心。随着新兴大国的崛起和"后石油时代"的到来,大国力量对比与国际能源格局均发生重大变化。为应对充满不确定性的全球战略环境,美军主动调整其军事能源战略,将可再生能源开发与节能策略相结合,致力于以最小的能源投入换取最大的战斗力产出,让军队摆脱"受制于油"的困境(如表 5-1 所示)。

表 5-1 美国陆、海、空实行的能源转型措施

军种	措施
陆军	2015 年美国陆军发布《能源安全与可持续战略》,提出了自身能源转型的目标,包括:基于能源数据进行作战决策、提高能源利用效率、多元化能源供给以提高能源安全性、综合利用集成式及分布式供能方案确保能源稳定供应,以及建立跨部门合作机制推动科技创新等[1]
海军	2010 年提出《能源安全与独立规划》,制定了降低石油依赖的相应目标,如至 2020 年将一半的基地建筑改造为"净零能耗"建筑,及至 2016 年打造一支主要由生物燃料驱动的"大绿舰队"[2]
海军	2019 年海军提出《多用途舰载能量库》研究计划,目标是研发面向定向能武器等新型负载的中间电力系统,除为武器提供电力外,还可以支撑舰艇的能量管理、应急供电等需求[3]
空军	2017 年公布了《能源飞行规划(2017—2036)》,为今后 20 年军事能源发展制定了路线图。作为高技术军种,空军十分重视通过科技手段推动能源转型,其与政府各部门、科研机构及企业联合创新,优选科研成果并进行落实。为降低石油依赖,其采取了投资开发高效率飞机发动机、研发航空用替代燃料,以及探索为飞行器引入多电技术、超导技术及电驱动技术等措施[4]

第 5 章 未来发展战略

美军通过执行相应的能源转型举措已经取得了一定成效。2016年美国首艘采用生物燃料的舰艇起航，标志海军建设"大绿舰队"的目标取得重要进展[5]。陆军在多个军事基地建成含可再生能源发电的微电网，如位于加利福尼亚州莫哈韦沙漠里的欧文堡军事基地建有一个年产 500MW 电能的太阳能发电站。其他军方发电站位于新墨西哥州、亚利桑那州、加利福尼亚州及拉斯维加斯等地的军事基地，这些发电站可基本满足基地所有电力需求，为美军逐渐扩大的能量需求提供保障。

2. 全新军事能源计划：无线电力传输

美国国防高级研究计划局（DARPA）正致力于开启下一个技术革命：一项新时代的能源传输技术（电力输送），利用无线功率波束来创建一个动态的、自适应的无线能源传输网络。当前，武器平台执行远程任务时，需要携带液体燃料等存储能量。无线能源传输网络将平台从能量容器转为能量传输节点，从而构成能源传输网络。功率波束与无线通信的物理原理相同，利用电磁波在自由空间传输，目标接收波束并将其转换回电能。不过，该技术能源转换效率仍然是一个挑战。在多条网络中，从波转换回电能并在每个节点处转换回波，会迅速产生巨大的能量损失，从而导致能源转化效率低下，将这些节点链接成为一整个能源链是不切实际的。

据美国国防高级研究计划局官方网站消息，美国已启动一项名为"持久性光无线能量中继"（Persistent Optical Wireless Energy Relay，POWER）的计划，其目标在于设计和演示机载光能中继的能力（如图 5-1 所示）。这种中继能力是陆基激光器向高空目标远程高效地传输能量的关键，将为未来多路径无线能源网络的构筑奠定基础。DARPA 战术技术办公室 POWER 项目经理保罗·卡尔霍恩称，POWER 计划将开发高效的功率光束继电器，以重定向光能传输，同时最大化保持沿途每个节点的光束质量，根据需要选择性地收集能量。该计划将分为三个阶段，最终实现能量接力飞行演示[6]。

图 5-1 无线能源网络中继平台概念图

另外,为了在近期突破装备供电技术,DARPA 同时也在尝试为现有的 KC-135 和 KC-46 空中加油机配备新型的"机载能源井"(Airborne Energy Well),从而实现无人机空中充电。"机载能源井"计划参照传统加油机为载人机队提供补给的形式,采用增配了"翼下动力发射吊舱"的改进型有人驾驶加油机,通过激光束向无人驾驶飞行器无线传输电力,实现无人机空中动力补给,延长其续航时间而无需着陆,从而大幅提升无人机续航能力和作战半径。同时,在空中动力补给的支撑下,无人机也可减少自身能源存储,将自身载荷更多地分配给作战装备,从而有效提升无人机作战能力,拓展无人机作战的应用场景。目前,机载能源井技术能够提供支撑的全电动无人机的尺寸往往相对较小。随着大型无人机越来越多地被应用于现代战场,对无人机空中充电能力的要求也越来越高,该项目研究的持续推进价值也愈加凸显[7]。

目前,机载能源井在兼容性、抗干扰性、发热、发送器和接收器的尺寸和重量等问题上还存在诸多障碍,在短期内还无法实现为大型无人平台充电。但 DARPA 表示,该机载能源井有望成为未来更为广泛的发电、传输继电器和电力接收及利用端等构成的能源网络的组成部分,使军队能够动态分配能源资源,以更灵活地发挥军事效果。此外,该类技术还可以为配备激光等定向能武器系统的飞机提供额外的能量,降低油耗，提升装备作战能力。

在此之前，美军已在武器平台无线充能技术领域开展了多年研究。2011 年，空军研究实验室资助 NASA 进行激光功率束系统的研究，旨在为电动平台（如微型无人机）实现远程光学"加油"，这也为后来的研究奠定了基础。2014 年，美国海军研究实验室发表了一篇有关等离子体物理和脉冲功率在军事应用中的潜力的论文，其中提出向无人机发射远程激光功率以延长其飞行时间的设想。两年后，美国海军研究实验室成功申请了一项"一种可以向长航时无人机传输动力的系统"的专利。2019 年，该实验室进行了为期三天的演示，展示了其最新的功率波束技术，并进行了 2kW 激光器测试试验，以验证能量在 300m 左右的距离内传输的可行性。

在电气化装备普遍存在储能有限、环境能量获取能力不足等问题的情况下，无线能量传输技术无疑是具备显著优势的解决方案。如前所述，美军致力于发展激光无线传能技术，在能量转换效率和兼容性上实现突破，近期支撑空中无人作战平台的局域性空中无线传能，远期实现广泛的、动态自适应的无线能量传输网络。

5.1.2 欧洲

1. 法国

随着全球气候变化对军队的影响逐渐增加，近年来，法国军方高度重视气候变化对军队和军事行动的影响。2021 年底，法国国防部长弗洛朗丝·帕利在巴黎和平论坛上提出"武装部队必须参与应对全球气候变化的行动"。2022 年 4 月，法国发布了首份关于气候变化的国防战略报告。这份报告指出，法军应该从四个方面着手面对气候变化带来的安全威胁，这四个方面分别是提升军队对气候变化的预测能力、强化官兵的适应能力、减少能耗和污染，以及加强国际合作。该报告揭示了法国在应对气候变化方面的积极态度和为构建可持续安全环境所付出的努力。

涉及军用能源方面，在太阳能和风能等可再生能源技术还未成熟或尚不可行之前，法国目前主要通过推进油电混合动力和加速应用氢能源等措施来逐步实现节约能源、减少碳排放等目标，同时限制核能源的使用。早在 2014 年，法国陆军就与雷诺卡车公司签订省油、轻量、军地通用的混合动力传动系统研发合同，计划将法国陆军现役装甲车升级为混合动力版本，以期在节约能源的同时，提升军事装备的保障效率。据美国防务新闻网站报道，法国陆军近期采购的"狮鹫"装甲车中，有一部分医疗支援保障车型率先使用混合动力发动机。在评估使用效果后，最快将于 2025 年大规模列装混合动力装甲车[8]。

与此同时，为了推动氢能源的生产和应用，法国政府于 2020 年发布了"国家氢计划"。由此，法国企业在氢能源领域取得了快速发展，并开始探索将氢能源应用于武器装备领域。具体而言，在氢能源方面的研发工作主要集中在深入研究氢能无人机等应用领域，旨在发现其性能优势并提高性能水平。2021 年，法国空军与新能源技术与纳米材料创新实验室签署了合作计划，共同进行氢能无人机研发工作，试图通过调整无人机的设计来减少能源消耗并增加续航里程。初步研究表明，相比其他燃料，氢能源无人机能够提供更长的续航距离。此外，法国空军还计划将从该计划中获得的经验教训应用于欧洲第六代机载武器项目"未来空战系统"中。这一举措有望进一步加速氢能源技术在军事装备领域的持续推广和创新。

2. 英国

2021 年 3 月，英国国防部公布了名为《竞争时代的国防》的战略文件，明确指出人工智能及其赋能的自主武器能力是国防现代化的关键因素，并提出将在 2025 年前将英国陆军人员规模裁撤到 72500 人，将节省的经费投入到无人化作战和网络作战中。文件明确提出，英国陆军将花费超过 30 亿英镑用于更新陆军作战载具、远程火箭系统、无人机以及电子与网络作战能力[9]。同时英国国防部将花费 66 亿英镑用于新技术，其中包括高超声速导弹和激光武器。

第5章 未来发展战略

作为英军未来空中战力缺口的重要补充，无人机成为英国国防部重点研发项目。在充分利用人工智能、自主协同、机器学习等技术的基础上，英国更加强调无人机的低成本、可消耗、敏捷开发和多任务能力，同时深耕无人机蜂群和无人僚机项目，形成了一定的技术储备，在无人战场抢占了先机。

3. 俄罗斯

2019年10月，俄罗斯发布的《2030年前人工智能国家发展战略》明确提出，发展拥有自主知识产权的核心技术，将"无人机、机器人、无人潜航器、虚拟现实、神经计算机等装备"列为人工智能技术主要载体，进行长期探索性研究。在俄军中，以"天王星"系列、"平台"-M和"阿尔戈"等型号为代表的无人战车，可执行巡逻、侦察、排雷、近距离火力支援等任务。其中，"天王星"-9是一个由战斗模块、指控模块、运输和伺服模块组成的系统，每个模块都有相应数量的车辆作为搭载平台，而所搭载的光电侦察、激光探测、雷达感知等设备使它自主作战的能力超越了以往型号的无人战车，因此被一些媒体称为"战斗机器人"。在海上方面，俄罗斯"波塞冬"核动力无人潜航器能够在超过1000m的深度进行洲际航行，排水量300t，最大航速70kn，并可携带核战斗部，成为其战略威慑的又一张"王牌"[10]。根据俄罗斯国防部《2025年先进军用机器人技术装备研发计划》要求，至2025年，无人作战系统在俄军武器装备中的占比将达到30%，其中无人机将占空军飞机总数的40%[11]。在单兵作战装备方面，俄罗斯已生产出第一套装备电力发动机的作战动力服。这样的动力服可将士兵的肌肉骨骼负荷减少50%、跑步和步行时的能量消耗减少15%、携带重达60kg的物资，进行自动化武器射击时的命中精度提高20%，大大提升了部队作战能力。

然而，在2022年的俄乌冲突中，作为军事强国和能源出口大国的俄罗斯却在能源问题上吃了亏。在无法就地获取后勤物资、后勤通道被乌克兰战术小组袭扰、作战持续时间长于预期等挑战下，俄军以传统油料为主要燃料支撑合成装甲部队为主的军事能源体系遇到了较大困难。俄军坦克、装甲车辆、后勤车辆在道路上因缺少燃料被抛弃在路边的图片和影像片段频频在各社交媒体上出现，引起了世界各国军事研究机构的重视与关注，再次证明了军用能源技术体系革新的重要性。

5.1.3 日本

一直以来，能源问题都是制约日本经济发展的瓶颈，日本政府也多措并举，通过制定和实施能源构成多样化、能源进口多元化和节约能源并举的多种能源政策而尽力解决日本能源问题。自2021年10月，岸田文雄就任日本首相以来，日本政府面临持续动荡的国际环境，对日本的能源安全环境造成了前所未有的极大冲击。为了保证其能源供给的安全与充足，日本政府主要采取了两大实施路径，其一是减少对煤炭、原油等传统能源的依赖，其二是大力发展使用绿色清洁能源[12]。因此，日本军队对于氢能为主的新型清洁能源技术在武器装备中应用格外重视。

在国家能源政策的大力推动下，日本成为了氢能源开发和应用领域的先驱之一，尤其在燃料电池方面技术水平较高，丰田公司在燃料电池汽车技术方面居于全球领先地位，这些都为日本研制燃料电池AIP技术（AIP，Air Independent Propulsion的缩写，即不依赖空气推进，燃料电池AIP技术可实现潜艇无须上浮从空气中获取氧气）打下了坚实的基础[13]。2021年，由日本防卫所牵头，丰田、松下、富士重工、川崎、三菱和日产等会社计划为一艘测试潜艇提供燃料电池电堆、燃料电池组件、驱动电机、减速器、降噪隔震橡胶阀体等组成的燃料电池动力系统。为了提升燃料电池产生能量的利用率，还将与燃料电池堆关联一组松下制造的三元锂电池组件。这一计划标志着日本海军潜艇舰队将从斯特林热动机式AIP潜艇"断代"式迈入"燃料电池+三元锂电池"的全新"氢电混动"驱动潜艇时代。

需要注意的是，日本丰田系燃料电池技术研发可以追溯到 20 世纪 90 年代，至 2010 年开始进行类商业化运营测试。2015 年，在全球范围内发售首款燃料电池汽车 FCV。而燃料电池技术的军用化则在 20 世纪 80 年代早期开始。经过数十年军事应用累积和商业应用的验证，丰田（松下、三菱以及富士重工）所确定的"燃料电池＋驱动电机＋锂电池＋隔音降噪"的氢电混动"技术已实现量产，并为推动氢燃料电池技术的商业化和市场化奠定了坚实基础。

此外，日本围绕陆上、水面水下和空中三大领域，开展了大量无人装备的研究，其中除了装备智能化水平的相关研究外，对燃料电池和蓄电池技术的研发也是核心内容。

5.1.4 中国

党的十八大以来，我军为贯彻落实我国能源安全新战略和碳达峰、碳中和目标要求的重要举措，统筹传统能源和新型能源发展，大力推进太阳能、风能、海洋能、氢能等新能源在军事领域应用，加快构建安全、高效、可持续的现代军事能源体系，在破解平时/战时能源保障瓶颈问题上取得了积极成效。

光伏是目前战场上应用最广泛的新能源。在化石燃料日趋减少的情况下，太阳能已成为人类使用能源的重要组成部分，并不断得到发展。表 5-2 介绍了我军近年来在军事装备中对太阳能的部分应用，初步展示了太阳能在提升军队机动性、环境适应性等方面的作用。

表 5-2　我国太阳能在军事装备中的部分应用

太阳能军事装备	特点
太阳能发电帐篷	在我国很多部队已经开始配备这类太阳能发电器，不仅可以保证野战部队日常生活用电，也可供部队户外作业，或去无电区开展活动时使用，绝对是军队的必备良品

续表

太阳能军事装备	特点
太阳能背包发电	有关新闻报道，在我国高原地区边防部队已经开始配备这类太阳能发电器。士兵背囊上装有太阳能发电装置，可以满足巡逻电台等便携式通信装备的用电需求。该套装备还加入了普通手电筒大小的单兵步行发电器，官兵行进时带动挂在身上的发电器晃动完成发电，保证阴雨天也有电可用
太阳能远程图像侦察传输系统	放置在战场上，向指挥部实时传输战场环境，无需电缆线路，隐蔽性强
离网独立系统	2012年底至2013年初，光伏发电系统先后落户南澎、北尖、担杆等偏远海岛，广东省军区所属驻海岛连队全部告别用电难； 2013年10月，西藏军区首座光伏发电反向并网轻钢结构营房通过验收并投入使用； 2014年至2015年10月，江苏连云港边防支队车牛山岛、达山岛、平山岛也可以利用分布式光伏发电来满足用电需求

5.2 高效智能分布式军用电能源发展设想

5.2.1 概念内涵

以电能源为中心、以多能源为支撑、以智能化为枢纽、以一体化集成和网络化互联为架构，通过基础理论创新，以及融合电子信息、生命科学和先进制造的创新发展途径，构建能源与信息、装备和生命体深度融合，泛在布局全域互联的高效智能分布式能源系统，支撑全电化、无人化、智能化武器装备未来发展。

5.2.2 形态特征

高效智能分布式军用电能源系统（如图5-2所示），其能量转换、存储、控制与使用的高性能单元分布式布局，以结构化、一体化、网络化等多种新形态集成；热能、机械能、氢能、生物质能、核能等多种能源以电能为核心互联互通、协同耦合、高效供给；能源系统与信息系统深度融合、一体操作，具备自主感知、自主决策、自主响应、自主补给等功能，以及战场环境损伤后原位及时自主重构与自愈修复功能，从而为武器装备提供按需、可靠、高效的能源保障。

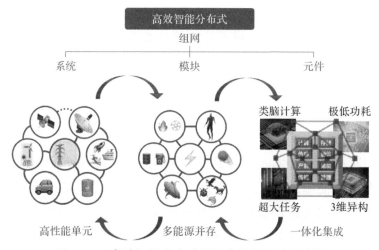

图 5-2 高效智能分布式军用电能源系统示意图

在系统层面，高效发电、致密储能、高功率输出等高性能电能源单元分布式布局、网络化互联和智能化管控。例如，在未来战场环境下构建发储一体、多能互补、智能调度、安全可靠的分布式军事微网。重点解决高性能单元互联组网后的信息化与智能化问题，实现跨域跨界的能量互联与快速响应调配、装备群体内的能量共享与按需聚集，支撑无人集群、分布式作战体系发展。

在模块层面，多种能源互联互通，能源与结构、信息、生命体深度融合，实现高效集成与智能管控。例如，未来飞行器的电动力能源与其机翼、蒙皮等结构部件一体化集成，电能源系统与动力系统、液压系统、热管理系统等在航电信息系统实时统筹下耦合协同，有效提升飞行器的能源利用效率。重点解决多种能源相互转换、一体化集成等问题，实现多能源协同增效、生命体能量高效利用、结构化高效分布式能源，支撑无人平台、人机混合系统的未来发展。

在元件层面，以生命体细胞为学习对象，硬件方面，电能源与计算、存储、通信等的异质/异构一体集成；软件方面，能源、信息、物质协同耦合、一体操作，构筑"含能微系统"。例如，针对微系统功能密度不断提升带来的功耗与散热问题，在微系统中以含氢液体作为供能与换热工质，构建分布式供能与散热一体化网络。重点解决一体化集成元件的精准设计与制造、能源/信息/物质一体化操作等问题，推动超低功耗类脑计算、光子芯片、量子计算等技术进步，支撑构建未来先进军用电子体系。

5.2.3 技术体系

面向军事微网、无人飞行器、含能微系统等典型应用场景，高效智能化分布式能源技术在应用层面体现出系统集成、模块集成和元件集成3个不同层级的产品形态，其共性关键技术包括分布式能量高效转换、分布式能量高效存储、多能源互联互通、多场耦合与集成、能源系统自愈修复、精准设计方法与工具、信息/能源一体操作等7项。上述关键技术的突破，必须依赖于基础层面新原理、新机制、新算法、新设计、新材料、新工艺、新结构等7大途径的颠覆性创新。上述3个层级、7个体系、7种途径共同形成1个相对完善的高效智能化分布式能源技术体系架构（如图5-3所示）。

5.2.4 发展规划

高效智能分布式能源技术的发展是一项系统工程，需面向多维度、

第 5 章　未来发展战略

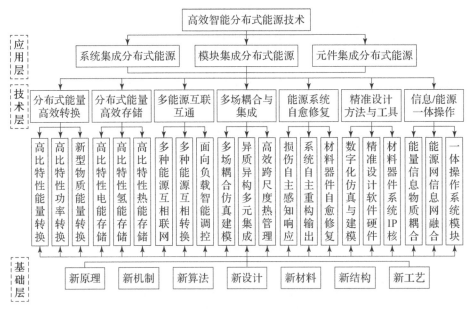

图 5-3　高效智能分布式能源技术体系

跨尺度的军事应用场景，通过物理、化学、材料、机械、生物、电子信息等多学科跨界融合，实现原理、技术、工程等多层次创新突破，不可能一蹴而就，应按照互联、互通、互操作三个阶段分步推进。

首先，实现电能源网络高效互联，重点解决能源基本单元的高比特性、网络化集成和分布式能源网智能管控等问题。

其次，实现多能源网络智能互通，重点解决多种能源自由转换与组网的协同增效、智能管控等问题。

最终，实现能源与信息、物质的互操作，重点解决一体化集成的精准设计与制造，能源、信息和物质的一体化操作等问题。

围绕高效智能分布式能源技术体系架构，可按照一体化集成能源技术、自愈修复能源技术、网联传递能源技术和高比特性能源技术四个专题方向部署研究工作，其中：

一体化集成是龙头，既要探索未来的分布式含能微系统技术，更要构建整体的体系架构，以及实现融合为一体的智能化能源精准操作系统模块；

自愈修复是手段,既要探索面向不同尺度的能源自愈修复技术,更要形成满足智能化能源需求的精准设计工具与方法;

网联传递是桥梁,既要探索和培育网联传递的技术体系,更要构建软件可定义、互联互通互操作的能源自适应组网协议;

高比特性是基础,既要构建适应智能分布式能源系统的高性能基本单元,更要找到特别新型的能源发展方向。

融合上述高效智能分布式能源"三步走"发展规划与先进能源技术主题四个专题的研究布局,形成了"三横四纵"结构的高效智能分布式能源融合发展计划(如图5-4所示)。

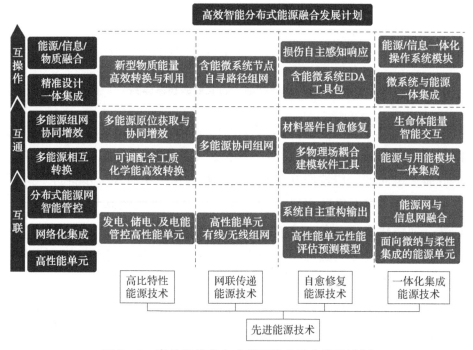

图5-4 高效智能分布式能源技术融合发展计划

参考文献

[1] 美国陆军部. 能源安全与可持续性战略[EB/OL]. (2015-5-11)(2023-03-13) https://www.army.mil/e2/c/downloads/394128.pdf.

第 5 章　未来发展战略

[2] 曹嘉涵. 打造绿色军队:美国军事能源战略调整评析[J]. 中国石油大学学报:社会科学版,2013,29(4):6.

[3] 穆作栋. 战场电气化—防务领域的能量系统技术革命[J]. 航空动力,2020(1):4.

[4] 崔守军,张春雨. 美国军事能源战略变革探析[J]. 现代国际关系,2019(4):10.

[5] 船综. 美国海军"大绿色舰队"首艘生物燃料舰艇启航[J]. 军民两用技术与产品,2016,03,33-33.

[6] 郑大壮. 美国防部尝试打造"能量互联网"[N]. 中国国防报,2022-11-08(04).

[7] 白楠,李想. 多方寻求更强动力[N]. 解放军报,2022-09-02(09).

[8] Vivienne M. French military receives initial batch of new Serval armored vehicles[N/OL]. (2022-05-06)[2023-04-28]. https://www.defensenews.com/global/europe/2022/05/05/French-military-receives-initial-batch-of-new-serval-armored-vehicles/.

[9] 宋鹏超. 英国公布军队现代化战略文件锐评:调整举措野心勃勃转型效果未必如愿[EB/OL]. (2021-03-27)[2023-04-28]. http://military.cnr.cn/ycdj/20210327/.t20210327_525447371.html.

[10] Russian News Agency. Russia starts underwater trials of nuclear-capable strategic drone-source[EB/OL]. (2018-12-25)[2023-04-28]. https://tass.com/defense/1037754.

[11] 赵先刚,李植. 无人作战:谁有最终"开火权"[J]. 时代报告,2017(11):50-51.

[12] 刘艳. 日本能源政策新动向分析[J]. 中国石化,2022(07):72-74.

[13] 张晏辄,邹博文. 日澳氢能源合作机制及合作环境分析[J]. 现代日本经济,2022,41(05):84-94.

第 6 章　选读扩展知识

6.1　关于电能源的一些基本科学概念与定律

热是大量分子无规则运动的表现形式。热力学能也称内能（U），是分子无规则热运动能量的统计平均值。它是系统自身的性质，只取决于系统所处的状态，是一个状态函数[1]。

人们发现将"最冷"的冰水和"最热"的沸水混合后，可以达到"中性"的状态，这种状态就是热平衡，冷和热的量度就是温度。若两个热力学系统均与第三个系统处于热平衡状态，这两个系统也必互相处于热平衡，这就是热力学第零定律。这是因为当两个温度不同的物体相接触时，由于物质中分子无规则运动的混乱程度不同，分子之间彼此碰撞而传递能量，这种能量就是热（Q）。1848年开尔文勋爵建议称最低温度为绝对零度，并以摄氏度为单位逐级上升。1954年国际协议将水的三相点273.16K作为固定温度，定义了绝对温标，又称开尔文温标[1-3]。

除了热以外其他各种形式被传递的能量都叫作功（W），包括体积功、电功和表面功等。功和热都是被传递的能量，都具有能量的单位，但它们的大小都与变化过程所经历的途径有关，都不是由系统所处的状态决定的，所以都不是状态函数[1]。

那么能不能将热转化为具有工业价值的功呢？在欧洲第一次工业革命时期，由于工程技术的迫切需要，人们对热机的原理，特别是功热转化关系开展了普遍的研究。1840 年前后，焦耳等科学家意识到能量是守恒的。在不与外界进行物质和能量交换的隔离系统中，能量可以从一种形式转化为另一种形式，但是在转化时能量的总值不变[2]。假定在变化中系统与环境的热交换为 Q，与环境的功交换为 W，则根据能量守恒定律，系统热力学能的变化为

$$\Delta U = U_2 - U_1 = Q + W$$

这就是热力学第一定律，它是能量守恒定律在热现象领域的特殊形式，当 W 为电功时，就产生了电能源[1]。

热力学第一定律回答了功和热的转化关系的问题。但是并不能解释热量传递的方向和功热转化的方向及程度的问题。热能不能自发地从低温传到高温？热能不能完全转化为功？这两个问题对于工业上以热机为代表的功热转化过程至关重要。

自发过程是指无须借助外力，可以自动发生的变化，自发过程往往是向着能量更低或者混乱度更高的方向进行的，具有热力学的不可逆性。例如，将两个电势不同的电极相连，电流就从高电势自动地流向低电势，直至电势相等，而不会自发地充电，这就是电池的原理。再如，在一盒内有用隔板隔开的两种气体，将隔板抽离之后，气体迅即自发地混合直至混乱程度较高的平衡状态，无论再等多久，气体也不会自动分开恢复原状[1]。

分子做无规则热运动时彼此会发生碰撞，直到分子的能量分布均匀、混乱度达到最大为止。而功是分子的一种规则的有方向的运动，所以功转变为热是规则的运动转化为无规则的运动，是一个混乱度增加的自发过程。而热转化为功则不能自发进行[1]。

卡诺在《看法》一书中指出"单只是提供热量，并不足以产生推动力，必须还有冷，没有冷，热将是无用的"。1824 年，他设计了一个在高温热源 T_h 和低温热源 T_c 之间以理想卡诺循环工作的热机，来探讨功热转化最大的转化效率。如图 6-1 所示，这个理想的循环过程包

括四个可以不对外界产生任何影响而复原的可逆过程，一个从环境吸热的等温可逆膨胀过程、一个不与环境热交换的绝热可逆膨胀过程、一个向环境放热的等温可逆压缩过程和一个不与环境热交换的绝热可逆压缩过程。在卡诺循环中，热机从高温热源吸收热量 Q_h 并对外做功 W，并向低温热源放热 $-Q_c$[2]。

$$Q_h = W + Q_c$$

卡诺循环的效率，即热机将从高温热源吸收的热转化为功 W 的效率为

$$\eta = \frac{W}{Q_h} = 1 - \frac{Q_c}{Q_h} = 1 - \frac{T_c}{T_h}$$

可见卡诺循环的效率一定小于1，且只与两个热源的温度有关。所有实际循环的效率都低于同样条件下卡诺循环的效率，因为非理想情况下耗散的热量永远不可能消除。卡诺认识到低温物体不可能自发地向高温物体传输热量，由低温热源向高温热源传热，即逆卡诺循环制冷，必须外力做功。此外，焦耳从大量的实验观测出发，得出工质所做的功比它从热源取得的热量要少，必将有一部分取得的热量耗散，无法利用。同时，科学家们从大量的经验认识到，热是各种能量形态最终耗散的共同形式[2-3]。

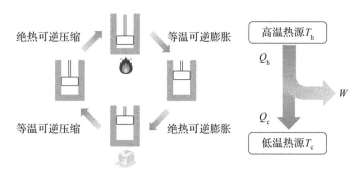

图 6-1 卡诺循环

克劳修斯和开尔文由此得到启发提出了热力学第二定律[1]。克劳修斯的说法是："不可能把热从低温物体传到高温物体，而不引起其他变化"。开尔文的说法是："不可能从单一热源取出热使之完全变为

功,而不发生其他的变化"。热力学第二定律指出,凡是自发过程都是不可逆的,而且一切的不可逆过程都可以与热功交换的不可逆相联系。

熵是系统混乱度的量度,它只与系统所处的状态有关,也是状态函数,熵变 ΔS 可以由可逆过程的热温商的比值计算。玻尔兹曼认为热力学第二定律的本质是:"一切不可逆过程皆是系统由概率小的状态变到概率大的状态,并认为熵与热力学概率之间具有函数关系,这个关系是对数的形式[1]。"

$$S = k\ln\Omega$$

上式称为玻尔兹曼公式。式中,k 是玻尔兹曼常数,Ω 是系统的热力学概率。在隔离系统中,自发过程总是朝着混乱度增大、熵增加的方向进行,这就是熵增加原理。

1912 年,能斯特根据能斯特热定理提出"绝对零度不能达到原理"这一热力学第三定律[3]。在温度趋于热力学温度 0K 时的等温过程中,系统的熵值不变。因此任何凝聚态物质在接近 0K 时,无论进行什么热力学过程,都不能放热降温。又由于是凝聚态物质,也不能靠绝热膨胀对环境做功而降温,所以达不到绝对零度。1912 年,普朗克假定 0K 时纯凝聚态物质的熵值为零。1920 年,路易斯和吉布森提出:"在 0K 时,任何完整晶体的熵等于零",这种说法现在被大部分人采用[3]。

热力学第零定律揭示了温度的存在,热力学第一定律解释了变化中能量的转化,热力学第二定律解释了变化的方向和限度,热力学第三定律解释了低温时规定熵的数值。可以说,热力学四大定律的发现奠定了热力学的基础。

6.2 电能源基础科学问题

能量、物质、信息是构成世界的三大基础要素,与之相关的能源技术、材料技术和信息技术是推动人类社会发展进步的主要驱动力。

信息技术的发展主线是降低收发、处理和存储信息的能量成本。材料技术的发展主线是提高材料产品的功能密度。能源技术的发展主线是提高能源系统的比特性。电能源技术的底层科学问题——通过能量与信息、物质的耦合，提高电能的生成、存储、传输和供给能力。

因此，从这个角度来看，对于二次电池以及特种电源，需要在基础研究和工程技术应用研究中着力解决以下几个基础科学问题。

1. 电化学能源界面和反应

在电化学能源的宏观组成中，界面和反应始终是一个绕不开的话题，也是电化学能源器件的核心。界面的物质传递和反应是整个电化学能源电性能发挥的基石。良好的界面可以极大地降低内阻、提高电池器件的安全性，而优异的反应则是电性能的保障。从界面和反应出发，主要应包括以下几个关键问题：在高寒、高热、高湿、高腐蚀等极端苛刻条件下的界面反应行为；电极表面固体膜的稳定化机制和离子传导及其组成、结构与电池性能的构效关系；化学反应过程的增强设计和机理；外场调控电化学器件界面策略；全固态电池界面传递与电化学相互作用及其反应机理；服务于超高比能电池体系的新型电极材料和电池器件集成及其反应动力学调控；突破电池极限指标的新理论和新方法。

2. 多维、多场、多尺度耦合传输和转化

二次电池虽然已经进入了千家万户，但是随着设备性能的不断更新，其在民用领域也遇到了基础理论缺乏的瓶颈。比如目前最基本的，在电极的多孔结构中，所涉及的电子、离子、原子、分子、团簇等电化学过程的耦合模型和理论仍属空白。因此，在缺乏最基础的理论知识之下，一味地追求高比能的数值，就如同沙地建塔，将导致对电池产品的均一性、可靠性、安全性等方面的进一步综合提高变得难以实现。所以多维、多场、多尺度耦合传输和转化机制的基础研究需要重视，离子在非理想电解质体系中的输运行为及界面传输机制需要进一步的探索，多孔电极界面上的传质机理和研究方法需要进一步明确，以及电池的机、热、电一体化设计理论与模型也亟待阐明。

3. 电化学能量储存新机制和化学反应动力学

就电池体系而言，只有更高的功率密度和能量密度才能满足未来军用电源的需求，该方面的基础问题主要包括：发展高容量储锂正极材料并探讨基于阴离子电荷补偿的新机制；多电子反应电极的动力学和热力学问题；在超分子类、团簇类材料中，电子表现出的局域和离域性双重驻留特征的新储能机制。

4. 协同输运下的离子快速传递机制与新体系

高能量密度和高功率密度电池对电池的离子传递速率要求极高，未来的高性能电池将会对此提出更高的要求。因此，开发离子快速传递的新材料和体系显得尤为重要。而外界的温度、压力、充放电条件等对离子在电池内部的传输影响甚大。此外，电极与电解质界面之间的传质也极其容易受到上述参数的影响。因此，离子的传递机制，协同输运下的新机制，主要包括：离子在目前液态电池、半固态电池和全固态电池中的协同传输机理；电极与电解质之间的双电层行为调控等。

电能源的基础科学问题是认清并合理把握电能源未来发展方向的基础，不管从理论还是技术上，仍然需要足够多的研发经验以及大数据支撑来分析其中的构效关系；开发极端环境下的新型电能源体系；探索电池内部界面层的设计及稳定化机制；明确能实现电化学能源极限指标的科学理论和先进材料体系；建立先进电化学能源器件多时间、多空间尺度表征新方法；发展嵌入电极中热、电、力耦合的模拟与仿真，解决电池安全性的反应控制新策略与新技术等。

未来，军用电能源的发展和普适性应用还有很长的路要走，需要一代又一代的电化学工作者不断努力，也亟需政策扶持和重大科学原理突破以及关键技术跃进性变革。只有将材料科学、信息科学、工程科学、物理学、数学、化学、化工等一系列的学科深度融合交叉,才能推动电化学这门复杂、综合的科学体系稳步向前发展。同时,电化学工作者们仍然需要强化基础研究的实效性和原创性,建立协同创新研究机制,重塑基础研究价值取向,共同形成合力去解决该领域的重大科学和技术难题,进而催生一系列相关原理的创新、理论的创新和产品的创新。

参考文献

[1] 傅献彩. 物理化学[M]. 5版. 北京:高等教育出版社,2005.

[2] 阎康年. 热力学史[M]. 济南:山东科学技术出版社,1989.

[3] Ingo Müller. A history of thermodynamics[M]. Berlin Heidelberg:Springer,2007.